JN064976

フォトグラフィックガイド

# 毒物・劇物

編著　危険物査察研究会

東京法令出版

## はじめに

現代の化学産業は、情報、環境及びバイオ関連産業等をはじめとして、絶え間ない技術革新が行われるとともに、さらなるグローバル化の進展によって物流機構も複雑多様化されるなど、著しい変化の中にあります。

このような社会動向のなか、消防法令も平成16年に住宅用防災機器の条項が消防法第９条の２に規定され、圧縮アセチレンガス等の貯蔵・取扱いの届出の条項が消防法第９条の３となり、また、国際海上危険物規程（IMDG コード）第31回の改正とあわせて、海上人命安全条約（SOLAS 条約）の改正も行われて、IMDG コードの規程が SOLAS 条約に基づく強制要件になっています。

本書は、毒・劇物に指定されている物質の中で消防法第９条の３に定める消防活動阻害物質となっているものについて、その物性や化学性、流通する荷姿に加えて災害発生時の処置方法等を記載いたしました。

これらの物質を取り扱っている事業所や防災行政に携わる方々の一助となれば幸いです。

令和４年９月　　　　　　危険物査察研究会　編

# 目 次

☠=毒物を示す。

## 本書の見方　1　概　要

本書は消防法第９条の３に基づき届出が義務付けられている毒物及び劇物が実際どのようなものであり、どのような荷姿、状態で保管されているかを、一目で分かるように写真を中心に構成してある。なお､当該物質の一般的な性状､危険性等を簡単な表で示してある。

## 2　掲載品目

毒物及び劇物の別にかかわらず、五十音順に掲載した。なお、品目の後のかっこ書きは、毒物及び劇物取締法に記載されている物質名とした。また、これらを含有する製剤が消防法上届出を要する物質に該当するかどうか「含有製剤の消防法に基づく届出の要否」の欄に示した。

## 3　概要表

(1)　水の影響

当該物質に注水した場合の危険性の判断に資するため、水溶性、水による分解危険、水溶性の毒性等について記載した。

(2)　火熱の影響

火災による分解、燃焼、昇華等について記載した。

(3)　漏えい、火災時の措置

各物質について共通する｢警戒区域の設定｣｢防護衣、防護具等の使用｣等については省略した。

(4)　人体への影響

当該物質又はその蒸気に対する人体への影響を記載したもので､｢吸入｣は吸入した場合､

「皮膚」は皮膚接触した場合、「眼」は眼に入った場合である。

ア　$LD_{50}$ (Lethal Dose Fifty)

当該物質を実験動物に投与した際の致死量であり、実験動物の50％が死亡する投与量である。

なお、(マ)：マウス、(ラ)：ラット、(モ)：モルモットに対する急性毒性である。

イ　$LC_{50}$ (Lethal Concentration Fifty)

当該濃度の物質に実験動物を一定時間暴露した場合にその50％が死亡する、当該室における物質濃度。

ウ　許容濃度

労働者が1日8時間又は週40時間の平常作業において毎日被曝しても悪影響を受けないと考えられる平均濃度。

(5)　等級

本書の五訂で追加した国連番号欄に船舶による危険物の運送基準等を定める告示別表第1に示す危険性等級を付記した。

**4　写真について**

(1)　写真は「貯蔵状態」「容器入りの荷姿、又は梱包された荷姿」「物質自体の姿」等を載せた。

(2)　物質の性状から一般に含有製剤としてしか存在しないものについては、純品の写真は載せていない。

(3)　気体については「物質そのもの」の撮影が不可能であるため、その写真は載せていない。

## 毒物・劇物の範囲

毒物・劇物は、100%クロルピクリンのように「原体」となるものと、「クロルピクリンを含有する製剤」の二面から指定されている。

毒物及び劇物取締法における原体及び製剤の考え方は、おおむね次のとおりである。なお、医薬品及び医薬部外品に該当するものは、除かれている。

### 1 原 体

薬品類には、化学的に純粋な単体としての物質「A」と、100%とはいえないが「A」の名称で、あるいは「A」の認識のもとに流通しているものがある。毒物及び劇物取締法で指定されている物質は、後者のように「社会通念としてのA」と考えられている。

したがって、原体の純度は、物質の種類によって同一ではなく、ケースバイケースで異なる。

### 2 製 剤

製剤の定義付けは困難であるが、次の(1)～(4)を満足する必要がある。

(1) 薬剤又はこれに類するもの。
- ・製剤を使用した器具、機器等は、製剤ではない。

(2) 意図的に調製行為（混合、粉砕等）が加えられたもの。
- ・使用の過程で希釈等の調製をしたものも製剤である。
- ・天然物は製剤ではない。
- ・夾雑物は対象とならない。

(3) 製剤を使用したものであっても、そのものが当該製剤と同一の使用目的を失っていない場合は、製剤とみなす。

(4) 廃棄物は、一般的に製剤には該当しない。

## 消防法令上の規制の概要

○**消防法**〔昭和23年法律第186号〕

**〔圧縮アセチレンガス等の貯蔵・取扱いの届出〕**

**第９条の３**　圧縮アセチレンガス、液化石油ガスその他の火災予防又は消火活動に重大な支障を生ずるおそれのある物質で政令で定めるものを貯蔵し、又は取り扱う者は、あらかじめ、その旨を所轄消防長又は消防署長に届け出なければならない。ただし、船舶、自動車、航空機、鉄道又は軌道により貯蔵し、又は取り扱う場合その他政令で定める場合は、この限りでない。

**２**　前項の規定は、同項の貯蔵又は取扱いを廃止する場合について準用する。

液化石油ガスに代表される火災予防又は消火活動に重大な支障を生ずるおそれのある物質については、消防行政上必要があることから、本条により届け出るべきことを規定している。なおこの種の物質の具体的品名の指定については政令に委ねているものである。

**罰則規定**

法の一部を改正する法律が昭和63年５月24日法律第55号をもって公布され、そのうちの罰則規定の整備が図られた。その理由は、消防機関において圧縮アセチレンガス等火災予防又は消火活動に重大な支障を生ずるおそれのある物質の貯蔵又は取扱いの実態を的確に把握し、当該物質が有する火災時における特異かつ重大な危険について有効な対策を立てる必要があること等から、これらの物質の貯蔵又は取扱いの届出（貯蔵又は取扱い廃止の届出を含む。）（法第９条の３）義務違反に対する罰則規定（法第44条第８号）が設けられ、公布の日から施行されている。

**◯危険物の規制に関する政令**〔昭和34年政令第306号〕

**（届出を要する物質の指定）**

**第１条の10**　法第９条の３第１項（同条第２項において準用する場合を含む。）の政令で定める物質は、次の各号に掲げる物質で当該各号に定める数量以上のものとする。

(1)　圧縮アセチレンガス　40キログラム

(2)　無水硫酸　200キログラム

(3)　液化石油ガス　300キログラム

(4)　生石灰（酸化カルシウム80パーセント以上を含有するものをいう。）　500キログラム

(5)　毒物及び劇物取締法（昭和25年法律第303号）第２条第１項に規定する毒物のうち別表第１の上[左]欄に掲げる物質　当該物質に応じそれぞれ同表の下[右]欄に定める数量

(6)　毒物及び劇物取締法第２条第２項に規定する劇物のうち別表第２の上[左]欄に掲げる物質　当該物質に応じそれぞれ同表の下[右]欄に定める数量

**（第２項　省略）**

危険物の規制に関する政令等の一部を改正する政令（昭和63年政令第358号）は、昭和63年12月27日をもって、危険物の規制に関する政令別表第１及び同令別表第２の総務省令で定める物質及び数量を指定する省令（平成元年自治省令第２号）は、平成元年２月17日をもってそれぞれ公布され、平成２年5月23日から施行することとされた。

改正の内容は、危険物の範囲の見直しに伴い、非危険物となる生石灰、発煙硫酸、クロルスルホン酸、無水硫酸及び濃硫酸について、所要の整備を図ったものである。

本条第１項第５号において毒物を、また同第６項において劇物をそれぞれ同政令の別表第１、及び別表第２に具体的品名を掲げることによって指定している。

**別表第１**（第１条の10関係）

| | |
|---|---|
| （１）シアン化水素 | キログラム 30 |
| （２）シアン化ナトリウム | 30 |
| （３）水銀 | 30 |
| （４）セレン | 30 |
| （５）ひ素 | 30 |
| （６）ふっ化水素 | 30 |
| （７）モノフルオール酢酸 | 30 |
| （８）前各項に掲げる物質のほか、水又は熱を加えること等により、人体に重大な障害をもたらすガスを発生する等消火活動に重大な支障を生ずる物質で総務省令で定めるもの | 総務省令で定める数量 |

**別表第２**（第１条の10関係）

| | |
|---|---|
| （１）アンモニア | キログラム 200 |
| （２）塩化水素 | 200 |
| （３）クロルスルホン酸 | 200 |
| （４）クロルピクリン | 200 |
| （５）クロルメチル | 200 |
| （６）クロロホルム | 200 |
| （７）けいふっ化水素酸 | 200 |
| （８）四塩化炭素 | 200 |
| （９）臭素 | 200 |
| (10) 発煙硫酸 | 200 |
| (11) ブロム水素 | 200 |
| (12) ブロムメチル | 200 |
| (13) ホルムアルデヒド | 200 |

| | |
|---|---|
| (14) モノクロル酢酸 | 200 |
| (15) よう素 | 200 |
| (16) 硫酸 | 200 |
| (17) りん化亜鉛 | 200 |
| (18) 前各項に掲げる物質のほか、水又は熱を加えること等により、人体に重大な障害をもたらすガスを発生する等消火活動に重大な支障を生ずる物質で総務省令で定めるもの | 総務省令で定める数量 |

前２表のとおり、毒物については、別表第１に、劇物については、別表第２に掲げているものであるが、いずれの表もその末号（別表第１では第（８）号、別表第２では第(18)号）において、更に総務省令に品名の追加指定を委ねている。この総務省令は、次のとおりである。

## ○危険物の規制に関する政令別表第１及び同令別表第２の総務省令で定める物質及び数量を指定する省令

〔平成元年自治省令第２号〕

**（危険物の規制に関する政令別表第１の総務省令で定める物質及び数量）**

**第１条**　危険物の規制に関する政令別表第１の上欄に掲げる総務省令で定める物質は、次の表の上[左]欄に掲げる物質とし、同令別表第１の下欄に定める総務省令で定める数量は、次の表の下[右]欄に定める数量とする。

| | |
|---|---|
| (1) 塩化ホスホリル及びこれを含有する製剤 | 30キログラム |
| (2) 五塩化りん及びこれを含有する製剤 | |
| (3) 三塩化ほう素及びこれを含有する製剤 | |
| (4) 三塩化りん及びこれを含有する製剤 | |
| (5) 三ふっ化ほう素及びこれを含有する製剤 | |
| (6) シアン化水素を含有する製剤 | |
| (7) シアン化ナトリウムを含有する製剤 | |
| (8) シアン化亜鉛及びこれを含有する製剤 | |
| (9) シアン化カリウム及びこれを含有する製剤 | |
| (10) シアン化銀及びこれを含有する製剤 | |

| | |
|---|---|
| (11) シアン化第一金カリウム及びこれを含有する製剤 | 30キログラム |
| (12) シアン化第一銅及びこれを含有する製剤 | |
| (13) シアン化第二水銀及びこれを含有する製剤 | |
| (14) シアン化銅酸カリウム及びこれを含有する製剤 | |
| (15) シアン化銅酸ナトリウム及びこれを含有する製剤 | |
| (16) ２・３－ジシアノ－１・４－ジチアアントラキノン（別名ジチアノン）及びこれを含有する製剤（２・３－ジシアノ－１・４－ジチアアントラキノン50%以下を含有するものを除く。） | |
| (17) 塩化第二水銀及びこれを含有する製剤 | |
| (18) 酸化第二水銀及びこれを含有する製剤（酸化第二水銀５%以下を含有するものを除く。） | |
| (19) 硫セレン化カドミウム及びこれを含有する製剤 | |
| (20) 亜ひ酸及びこれを含有する製剤 | |
| (21) 三塩化ひ素及びこれを含有する製剤 | |
| (22) ひ化水素及びこれを含有する製剤 | |
| (23) ひ酸及びこれを含有する製剤 | |
| (24) ふっ化水素を含有する製剤 | |
| (25) ヘキサキス（β・β－ジメチルフエネチル）ジスタンノキサン（別名酸化フエンブタスズ）及びこれを含有する製剤 | |
| (26) ホスゲン及びこれを含有する製剤 | |
| (27) メチルメルカプタン及びこれを含有する製剤 | |
| (28) モノフルオール酢酸ナトリウム及びこれを含有する製剤 | |
| (29) りん化アルミニウムとその分解促進剤とを含有する製剤 | |
| (30) りん化水素及びこれを含有する製剤 | |

**（危険物の規制に関する政令別表第２の総務省令で定める物質及び数量）**

**第２条**　危険物の規制に関する政令別表第２の上欄に掲げる総務省令で定める物質は、次の表の上[左]欄に掲げる物質とし、同令別表第２の下欄に定める総務省令で定める数量は、次の表の下[右]欄に定める数量とする。

| | |
|---|---|
| (1)　塩化亜鉛 | 200キログラム |
| (2)　酢酸亜鉛 | |
| (3)　硫酸亜鉛 | |
| (4)　りん酸亜鉛 | |

| | |
|---|---|
| (5) アクリルアミド及びこれを含有する製剤 | 200キログラム |
| (6) 五塩化アンチモン及びこれを含有する製剤 | |
| (7) 三酸化アンチモン | |
| (8) 酒石酸アンチモニルカリウム及びこれを含有する製剤 | |
| (9) アンモニアを含有する製剤（アンモニア30%以下を含有するものを除く。） | |
| (10) 一水素二ふっ化アンモニウム及びこれを含有する製剤 | |
| (11) エチレンオキシド及びこれを含有する製剤 | |
| (12) 塩化水素を含有する製剤（塩化水素36%以下を含有するものを除く。） | |
| (13) 塩素 | |
| (14) オキシ三塩化バナジウム及びこれを含有する製剤 | |
| (15) 酸化カドミウム | |
| (16) 硝酸カドミウム | |
| (17) 硫化カドミウム | |
| (18) クロム酸亜鉛カリウム及びこれを含有する製剤 | |
| (19) クロム酸ストロンチウム及びこれを含有する製剤 | |
| (20) クロム酸鉛及びこれを含有する製剤（クロム酸鉛70%以下を含有するものを除く。） | |
| (21) 四塩基性クロム酸亜鉛及びこれを含有する製剤 | |
| (22) クロルピクリンを含有する製剤 | |
| (23) クロルメチルを含有する製剤（容量300mℓ以下の容器に収められた殺虫剤であって、クロルメチル50%以下を含有するものを除く。） | |
| (24) クロロアセチルクロライド及びこれを含有する製剤 | |
| (25) 2－クロロニトロベンゼン及びこれを含有する製剤 | |
| (26) けいふっ化水素酸を含有する製剤 | |
| (27) けいふっ化カリウム及びこれを含有する製剤 | |
| (28) けいふっ化ナトリウム及びこれを含有する製剤 | |
| (29) けいふっ化マグネシウム及びこれを含有する製剤 | |
| (30) 五酸化バナジウム（溶融した五酸化バナジウムを固形化したものを除く。）及びこれを含有する製剤（五酸化バナジウム（溶融した五酸化バナジウムを固形化したものを除く。）10%以下を含有するものを除く。） | |
| (31) 三塩化アルミニウム及びこれを含有する製剤 | |
| (32) シアナミド及びこれを含有する製剤（シアナミド10%以下を含有するものを除く。） | |

| | |
|---|---|
| (33) 2・3－ジシアノ－1・4－ジチアアントラキノン（別名ジチアノン）50%以下を含有する製剤 | |
| (34) 四塩化炭素を含有する製剤 | |
| (35) ジメチルアミン及びこれを含有する製剤（ジメチルアミン50%以下を含有するものを除く。） | |
| (36) 塩化第一すず | |
| (37) 塩化第二すず | |
| (38) 硫酸第一すず | |
| (39) 塩化第一銅 | |
| (40) 塩化第二銅 | |
| (41) 硫酸銅 | |
| (42) 一酸化鉛 | |
| (43) 塩基性けい酸鉛 | |
| (44) けい酸鉛 | |
| (45) 酢酸鉛 | |
| (46) 三塩基性硫酸鉛 | |
| (47) シアナミド鉛 | |
| (48) ステアリン酸鉛 | |
| (49) 鉛酸カルシウム | 200キログラム |
| (50) 二塩基性亜硫酸鉛 | |
| (51) 二塩基性亜りん酸鉛 | |
| (52) 二塩基性ステアリン酸鉛 | |
| (53) 二酸化鉛 | |
| (54) 塩化バリウム | |
| (55) カルボン酸のバリウム塩 | |
| (56) 水酸化バリウム | |
| (57) 炭酸バリウム | |
| (58) チタン酸バリウム | |
| (59) ふっ化バリウム | |
| (60) メタホウ酸バリウム | |
| (61) ピロカテコール及びこれを含有する製剤 | |
| (62) オルトフェニレンジアミン | |
| (63) メタフェニレンジアミン | |
| (64) ブロム水素を含有する製剤 | |
| (65) ブロムメチルを含有する製剤 | |
| (66) 1－ブロモ－3－クロロプロパン及びこれを含有する製剤 | |
| (67) ほうふっ化水素酸 | |

| | |
|---|---|
| (68) ほうふっ化カリウム | 200キログラム |
| (69) ホルムアルデヒドを含有する製剤（ホルムアルデヒド１％以下を含有するものを除く。） | |
| (70) メタバナジン酸アンモニウム及びこれを含有する製剤（メタバナジン酸アンモニウム0.01％以下を含有するものを除く。） | |
| (71) ２－メチリデンブタン二酸（別名メチレンコハク酸）及びこれを含有する製剤 | |
| (72) メチルアミン及びこれを含有する製剤（メチルアミン40％以下を含有するものを除く。） | |
| (73) ４－メチルベンゼンスルホン酸及びこれを含有する製剤（４－メチルベンゼンスルホン酸５％以下を含有するものを除く。） | |
| (74) 硫酸を含有する製剤（硫酸60％以下を含有するものを除く。） | |
| (75) りん化亜鉛を含有する製剤（りん化亜鉛１％以下を含有するものを除く。） | |

危険物の規制に関する政令別表第１及び別表第２の自治省令で定める物質及び数量を指定する省令の一部を改正する省令（平成８年自治省令第４号）が、平成８年３月８日をもって公布され、平成８年９月１日から施行することとされた。

改正の内容は、危険物の規制に関する政令第１条の10第１項第５号で指定される毒物及び劇物取締法第２条第１項に規定する毒物のうち危険物の規制に関する政令別表第１(8)の自治省令で定めるものが７物質追加され23物質に、同条同項第６号で指定する毒物及び劇物取締法第２条第２項に規定する劇物のうち危険物の規制に関する政令別表第２(18)の自治省令で定めるものが46物質追加され62物質に、それぞれ改められた。

また、その後平成９年３月に同省令の一部を改正する省令(平成９年自治省令第13号)が公布され平成９年９月１日から施行することとされた。

この改正内容は、危険物の規制に関する政令別表第１及び同令別表第２の総務省令で定める物質及び数量を指定する省令(平成元年自治省令第２号)第１条及び第２条の表に定める物質を追加指定したもので、第１条(毒物)に５物質が追加され、28物質に、第２条(劇物)に７物質追加するとともに製剤の整理をして、66物質にそれぞれ改められている。

【危険物の規制に関する政令別表第１及び同令別表第２の総務省令で定める物質及び数量を指定する省令の改正経過（平成23年以降)】

| 改　正 | 改正内容 | 物質数 |
|---|---|---|
| 平成23年総務省令第166号 | 第２条（劇物）に「オキシ三塩化バナジウム及びこれを含有する製剤」及び「１－ブロモ－３－クロロプロパン及びこれを含有する製剤」の２物質を追加。 | 毒物…28物質<br>劇物…68物質 |
| 平成25年総務省令第71号 | 第１条（毒物）に「２，３－ジシアノ－１，４－ジチアアントラキノン（別名ジチアノン）及びこれを含有する製剤（２，３－ジシアノ－１，４－ジチアアントラキノン50％以下を含有するものを除く。）」及び「ヘキサキス（β，β－ジメチルフエネチル）ジスタンノキサン（別名酸化フェンブタスズ）及びこれを含有する製剤」の２物質を追加。<br>第２条（劇物）に「２，３－ジシアノ－１，４－ジチアアントラキノン（別名ジチアノン）50％以下を含有する製剤」、「メタバナジン酸アンモニウム及びこれを含有する製剤」及び「２－メチリデンブタン二酸（別名メチレンコハク酸）及びこれを含有する製剤」の３物質を追加。 | 毒物…30物質<br>劇物…71物質 |
| 平成27年総務省令第63号 | 第２条（劇物）に「ピロカテコール及びこれを含有する製剤」の１物質を追加。 | 毒物…30物質<br>劇物…72物質 |
| 平成28年総務省令第80号 | 第２条（劇物）に「シアナミド及びこれを含有する製剤（シアナミド10％以下を含有するものを除く。）」の１物質を追加。 | 毒物…30物質<br>劇物…73物質 |
| 平成29年総務省令第43号 | 第２条（劇物）のメタバナジン酸アンモニウム及びこれを含有する製剤のうち、0.01％以下を含有するものを除いた。 | 毒物…30物質<br>劇物…73物質 |
| 令和２年総務省令第57号 | 第２条（劇物）に「三塩化アルミニウム及びこれを含有する製剤」の１物質を追加。 | 毒物…30物質<br>劇物…74物質 |
| 令和４年総務省令第53号 | 第２条（劇物）に「４－メチルベンゼンスルホン酸及びこれを含有する製剤（４－メチルベンゼンスルホン酸５％以下を含有するものを除く。）」の１物質を追加。 | 毒物…30物質<br>劇物…75物質 |

# 1 アクリルアミド

<table>
<tr><td rowspan="3">品名</td><td colspan="2">別名</td><td colspan="6">アクリル酸アミド、プロペンアミド</td></tr>
<tr><td colspan="2">英語名</td><td colspan="6">Acrylamide, Propenamide</td></tr>
<tr><td colspan="2">化学式</td><td colspan="6">$C_3H_5NO$又は$CH_2$=CHCONH$_2$</td></tr>
<tr><td rowspan="2">性状</td><td>比重</td><td>蒸気比重</td><td>融点</td><td>沸点</td><td colspan="4" rowspan="2">白色結晶又は結晶性粉末。<br>溶融すれば激しく重合する。</td></tr>
<tr><td>1.122(20℃)</td><td>2.45</td><td>84.5℃</td><td>125℃</td></tr>
<tr><td colspan="3">毒物及び劇物取締法の適用</td><td colspan="2">劇　物</td><td colspan="3">含有製剤の消防法に基づく届出の要否</td><td>要</td></tr>
<tr><td>水の影響</td><td colspan="8">極めて溶けやすい。</td></tr>
<tr><td>火熱の影響</td><td colspan="8">加熱すると分解して有害なアンモニア等を発生する。</td></tr>
<tr><td>漏えい時の措置</td><td colspan="8">飛散したものは速やかに掃き集めて空容器に回収し、そのあとを多量の水で洗い流す。この場合、濃厚な廃液が河川等に排出されないように注意する。</td></tr>
<tr><td>火災時の措置</td><td colspan="8">(周辺火災の場合)<br>速やかに容器を安全な場所に移動する。移動不可能な場合は、噴霧注水により容器及び周囲を冷却する。<br>(着火した場合)<br>粉末、$CO_2$等を用いて消火する。大規模火災の場合は、水噴霧、泡を用いる。</td></tr>
<tr><td rowspan="2">人体への影響</td><td colspan="8">吸入―口のもつれ、手足のしびれ、歩行困難を起こすことがある。<br>皮膚―刺激し、皮膚を侵す。皮膚からも吸収され、吸入した場合と同様の症状を起こす。<br>眼――角膜等を刺激し、炎症を起こす。</td></tr>
<tr><td>$LD_{50}$</td><td>107mg／kg(マ)</td><td>$LC_{50}$</td><td colspan="2">―――</td><td>許容濃度</td><td colspan="2">0.3mg／m$^3$</td></tr>
<tr><td>用途</td><td colspan="8">染料の原料、合成樹脂の原料、接着剤の原料、土壌硬化・土壌改良剤。</td></tr>
<tr><td colspan="2">CAS No.</td><td colspan="2">79－06－1</td><td colspan="2">国連番号</td><td colspan="3">2074（等級 6.1）</td></tr>
</table>

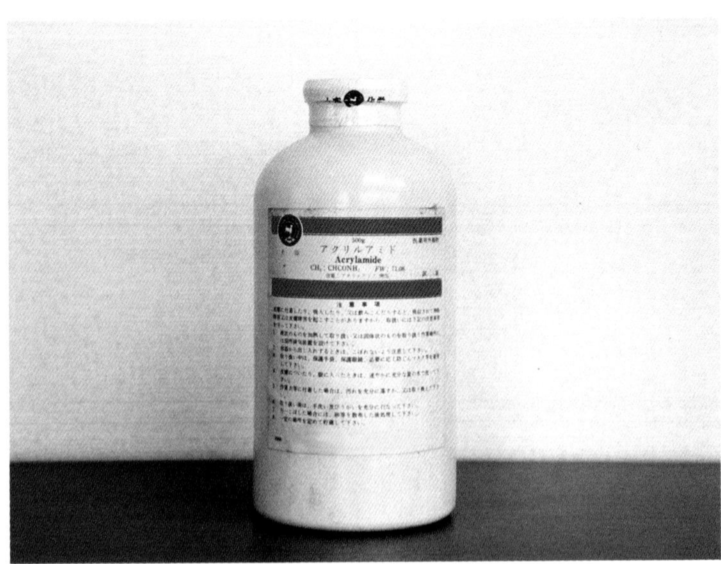


⬆⬇ 500g 入りポリエチレン製ビンに収納されている例

# 2 亜ひ酸（三酸化二砒素）

| 品名 | | |
|---|---|---|
| 品名 | 別名 | 三酸化ヒ素、三酸化二ヒ素、無水亜ヒ酸、白ヒ |
| | 英語名 | Arsenic Trioxide, Diarsenic Trioxide, Arsenious Acid, Arsenious Acid Anhydride |
| | 化学式 | $As_2O_3$ |

| 性状 | 比重 | 蒸気比重 | 融点 | 沸点 | |
|---|---|---|---|---|---|
| | 3.7～4.0 | —— | 275～313℃ | 465℃ | 白色粉末又は結晶。<br>昇華性(135℃)。 |

| 毒物及び劇物取締法の適用 | 毒物 | 含有製剤の消防法に基づく届出の要否 | 要 |
|---|---|---|---|

|  |  |
|---|---|
| 水の影響 | わずかに溶ける。水溶液は有毒なので注意する。 |
| 火熱の影響 | 加熱すると酸化ヒ素（Ⅲ）の煙霧を発生する。煙霧は少量の吸入であっても強い溶血作用があるので注意する。 |
| 漏えい時の措置 | 飛散したものは容器にできるだけ回収し、そのあとを硫酸第二鉄等の水溶液を散布し、消石灰、ソーダ灰等の水溶液を用いて処理した後、多量の水で洗い流す。この場合、濃厚な廃液が河川等に排出されないように注意する。 |
| 火災時の措置 | (周辺火災の場合)<br>速やかに容器を安全な場所へ移動する。移動不可能な場合は、容器の破損に十分留意し、噴霧注水により容器及び周囲を冷却する。 |
| 人体への影響 | 吸入—鼻、のど、気管支等の粘膜を刺激し、頭痛、めまい等を起こす。はなはだしい場合は肺水腫、呼吸困難を起こす。<br>皮膚—しばらく後に、接触部位に湿疹、水疱、炎症等を起こす。<br>眼——粘膜を刺激し、結膜炎を起こす。 |

| $LD_{50}$ | 31.5mg／kg(マ) | $LC_{50}$ | ——— | 許容濃度 | 0.01mg／$m^3$ (Asとして) |
|---|---|---|---|---|---|

| 用途 | 農薬、触媒、医薬品、殺そ剤、ガラス消色剤、除草剤。 |
|---|---|

| CAS No. | 1327－53－3 | 国連番号 | 1561（等級 6.1） |
|---|---|---|---|

➡鋼製ドラム缶（100kg）に収納されている例

⬇亜ヒ酸そのものの姿

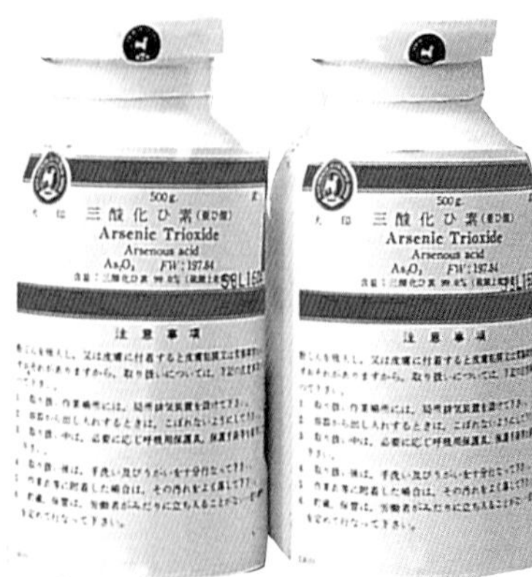


⬇500g入りポリエチレン製ビンに収納されている例

# 3 アンモニア

| 品名 | | |
|---|---|---|
| 品名 | 別名 | 無水アンモニア、液体アンモニア、液安 |
| 品名 | 英語名 | Ammonia, Liquid Ammonia |
| 品名 | 化学式 | $NH_3$ |

| 性状 | 比重 | 蒸気比重 | 融点 | 沸点 | |
|---|---|---|---|---|---|
| 性状 | 0.7(−33℃) | 0.6 | −78℃ | −33℃ | 無色、刺激臭気体。 |

| 毒物及び劇物取締法の適用 | 劇物 | 含有製剤の消防法に基づく届出の要否 | 要(30%以下を除く。) |
|---|---|---|---|

|  |  |
|---|---|
| 水の影響 | 容易に溶けアンモニア水となる。<br>液面に刺激作用を持つ霧と蒸気が生じる。 |
| 火熱の影響 | 燃えにくい。高濃度の酸素中又は火災等の炎と長時間接触すると発火する場合がある。<br>アンモニアと空気との混合ガスは爆発の危険性がある。 |
| 漏えい時の措置 | 火源を排除し、漏えいを止める。<br>漏えいを止められないときは、遠方から噴霧注水により吸収するか又は塩酸で中和する。 |
| 火災時の措置 | (周辺火災の場合)<br>速やかに容器を安全な場所へ移動する。 移動不可能な場合は、噴霧注水により容器及び周囲を冷却する。<br>(着火した場合)<br>漏えいを止められる場合は、漏えいを止め消火する。 多量の場合は、容器及び周囲に噴霧注水して、延焼防止する。 |
| 人体への影響 | 吸入―鼻、のどの粘膜が侵される。高濃度の吸入は喉頭けいれんを起こす。<br>皮膚―凍傷又は火傷(腐食性の薬傷)を起こす。<br>眼――炎症を起こし、視力障害を残す。<br>経口侵入、経気侵入すると死亡することもある。 |

| $LD_{50}$ | 350mg／kg(ラ) | $LC_{50}$ | 4,230ppm/hr(マ) | 許容濃度 | 25ppm |
|---|---|---|---|---|---|

| 用途 | 冷凍冷媒、抽出用溶剤、金属精錬、窒素肥料原料、化学繊維原料。 |
|---|---|

| CAS No. | 7664−41−7 | 国連番号 | 1005 (等級 2.3) |
|---|---|---|---|

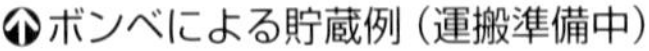
⬆ボンベによる貯蔵例（運搬準備中）

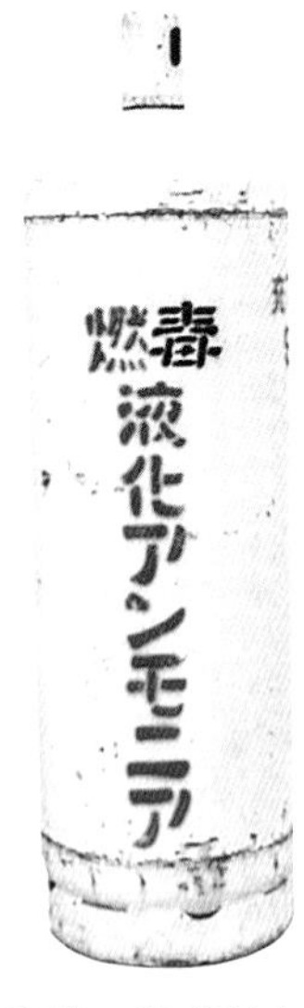


⬆ボンベに収納されている例

⬇球形タンクで液化アンモニアが貯蔵されている例

⬇試薬ビン入り 28%アンモニア水の例（30%以下であるため、消防法の届出対象外）

# 4 一水素二ふっ化アンモニウム

| 品名 | 別名 | 酸性フッ化アンモニウム、フッ化水素アンモニウム、重フッ化アンモニウム | | | | |
|---|---|---|---|---|---|---|
| | 英語名 | Ammonium Hydrogen Fluoride, Ammonium Bifluoride | | | | |
| | 化学式 | $NH_4 \cdot HF_2$ | | | | |
| 性状 | 比重 | 蒸気比重 | 融点 | 沸点 | 無色結晶、フレーク状製剤。潮解性。 | |
| | 1.5 | —— | 125℃ | 230℃ | | |
| 毒物及び劇物取締法の適用 | | 劇物 | | 含有製剤の消防法に基づく届出の要否 | | 要 |
| 水の影響 | 易溶。水溶液は腐食性が強い。 | | | | | |
| 火熱の影響 | 加熱すると分解して猛毒のフッ化水素ガスを発生する。 | | | | | |
| 漏えい時の措置 | 飛散したものは容器にできるだけ回収し、そのあとを消石灰、ソーダ灰の水溶液を用いて処理した後、多量の水で洗い流す。この場合、濃厚な廃液が河川等に排出されないように注意する。 | | | | | |
| 火災時の措置 | （周辺火災の場合）<br>速やかに容器を安全な場所へ移動する。移動不可能な場合は、噴霧注水により容器及び周囲を冷却する。<br>（着火した場合）<br>多量の水を用いて消火する。 | | | | | |
| 人体への影響 | 吸入—鼻、のど、気管支、肺等の炎症を起こす。はなはだしい場合は肺水腫、呼吸困難を起こす。<br>皮膚—炎症し、発赤、発疹等の皮膚炎を起こす。<br>眼——粘膜等が侵され、失明することがある。 | | | | | |
| | $LD_{50}$ | 129mg／kg（マ） | $LC_{50}$ | —— | 許容濃度 | 2.5mg/$m^3$（Fとして） |
| 用途 | ガラスの加工（表面腐食）、除草剤、各種金属の表面処理剤。 | | | | | |
| CAS No. | 1341－49－7 | | 国連番号 | 1727（等級8） | | |

➔クラフト紙袋で工場の原料倉庫に貯蔵されている例

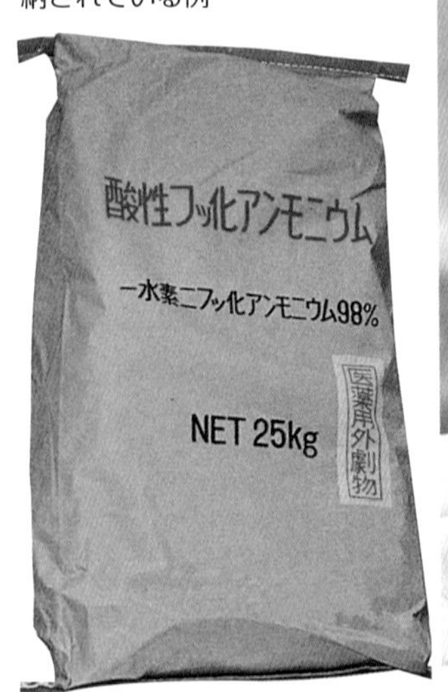


➔25kg 入りクラフト紙袋に収納されている例

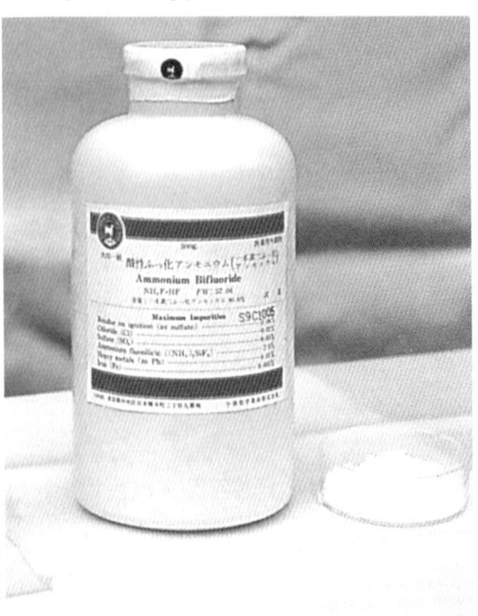


➔試薬ビン入りと一水素二フッ化アンモニウムそのものの姿

# 5 一酸化鉛

<table>
<tr><td rowspan="3">品名</td><td>別名</td><td colspan="6">リサージ、酸化鉛(Ⅱ)、金密陀、黄色酸化鉛</td></tr>
<tr><td>英語名</td><td colspan="6">Lead Monoxide, Litharge, Massicot, Rlumbou Oxide</td></tr>
<tr><td>化学式</td><td colspan="6">PbO</td></tr>
<tr><td rowspan="2">性状</td><td>比重</td><td>蒸気比重</td><td>融点</td><td>沸点</td><td colspan="3" rowspan="2">黄色又は橙色。重い粉末又は粒状。熱すれば溶融し、暗色を呈する。</td></tr>
<tr><td>9.53(20℃)</td><td>——</td><td>888℃</td><td>1,470℃</td></tr>
<tr><td colspan="3">毒物及び劇物取締法の適用</td><td colspan="2">劇物</td><td colspan="2">含有製剤の消防法に基づく届出の要否</td><td>否</td></tr>
<tr><td>水の影響</td><td colspan="7">極めて溶けにくい。</td></tr>
<tr><td>火熱の影響</td><td colspan="7">加熱すると有毒な煙霧を発生する。</td></tr>
<tr><td>漏えい時の措置</td><td colspan="7">飛散したものは容器にできるだけ回収し、そのあとを多量の水で洗い流す。</td></tr>
<tr><td>火災時の措置</td><td colspan="7">(周辺火災の場合)<br>速やかに容器を安全な場所に移動する。移動不可能な場合は、噴霧注水により容器及び周囲を冷却する。</td></tr>
<tr><td rowspan="2">人体への影響</td><td colspan="7">吸入—鉛中毒を起こすことがある。<br>眼——異物感を与え、粘膜を刺激する。</td></tr>
<tr><td>$LD_{50}$</td><td>430mg／kg(ラ)</td><td>$LC_{50}$</td><td colspan="2">——</td><td>許容濃度</td><td>0.1mg／$m^3$<br>(Pbとして)</td></tr>
<tr><td>用途</td><td colspan="7">鉛系塩化ビニル安定剤の原料、管球ガラス(蛍光灯、真空管、TVブラウン管等の放射線防止剤)、顔料(黄鉛、モリブデン赤の製造用)、蓄電池極板製造用、ゴム加硫促進剤、陶器、ほうろう、一般ガラス。</td></tr>
<tr><td colspan="2">CAS No.</td><td colspan="2">1317－36－8</td><td colspan="2">国連番号</td><td colspan="2">2291 (等級 6.1)</td></tr>
</table>

→倉庫に貯蔵されている例

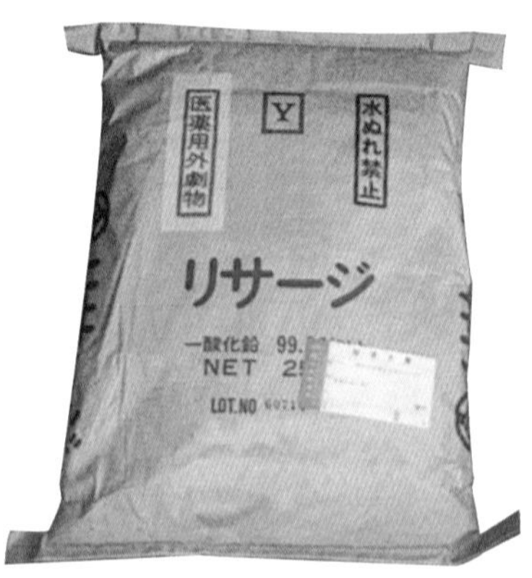


↑25kg入りクラフト紙袋に収納されている例

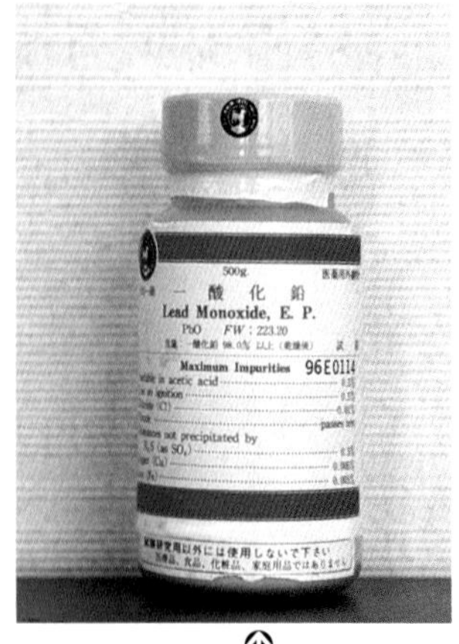


↑↙試薬ビン入りと一酸化鉛そのものの姿

一酸化鉛（リサージ）

# 6 1－ブロモ－3－クロロプロパン

| 品名 | 別名 | トリメチレンクロロブロマイド | | | |
|---|---|---|---|---|---|
| | 英語名 | 1-Bromo-3-Chloropropane,Trimethylene chlorobromide | | | |
| | 化学式 | $C_3H_6BrCl$ | | | |
| 性状 | 比重 | 蒸気密度 | 融点 | 沸点 | 無色液体 |
| | 1.6 | 5.43 | −58.9℃ | 144.4℃ | |
| 毒物及び劇物取締法の適用 | 劇物 | 含有製剤の消防法に基づく届出の要否 | 要 | | |
| 水の影響 | 水には不溶。<br>アルコール、エーテル、ベンゼンなどの有機溶媒に溶ける。 | | | | |
| 火熱の影響 | 加熱により分解し、有毒で腐食性の気体（臭化水素、塩化水素等）を発生する。<br>57℃以上では、蒸気／空気の爆発性混合気体を生じることがある。 | | | | |
| 漏えい時の措置 | 漏れた液を密閉式の容器に回収する。<br>残留液は砂又は不活性吸収剤に吸収させて安全な場所に移す。 | | | | |
| 火災時の措置 | 水を噴霧して容器類を冷却する。 | | | | |
| 人体への影響 | 吸入—ふるえ、嗜眠（しみん：強い刺激を受けなければ目覚めて反応しない状態）を起こす。はなはだしい場合には中枢神経系、肝臓に影響を与え、機能障害を起こす。<br>皮膚—刺激作用がある。<br>眼——刺激作用がある。 | | | | |
| | $LD_{50}$ 1290mg/kg（マ） | $LC_{50}$ 1127ppm（2h）（マ） | 許容濃度 | — | |
| 用途 | 農薬原料、医薬品原料。 | | | | |
| CAS No. | 109－70－6 | 国連番号 | 2688（等級 6.1） | | |

1-ブロモ-3-クロロプロパン
CAS No. 109-70-6
成分　1-ブロモ-3-クロロプロパン
含有　99.5%以上

危険

危険有害性情報：
・飲み込むと有害。　・皮膚に接触すると有害。　・発がんのおそれ
・吸入すると有害。　・強い眼刺激性。
・長期にわたる、または、反復暴露により臓器を損傷のおそれ。
注意書き：
《安全対策》
・使用前に取扱説明書を入手すること。　・すべての安全注意を読み理解するまで取扱わないこと。
・ミスト/蒸気/スプレーを吸入しないこと。
・屋外または換気の良い場所でのみ使用すること。　・取扱い後はよく手を洗うこと。
・保護手袋および保護眼鏡/保護面を着用すること。
・この製品を使用するときに、飲食又は喫煙をしないこと。
《応急措置》
・吸入した場合：空気のきれいな場所に移し、呼吸しやすい姿勢で休息させること。医師に連絡すること。
・皮膚（または髪）に付着した場合：直ちに、汚染された衣類をすべて脱ぐこと/取り除くこと。
・皮膚を流水/シャワーで洗うこと。
・暴露した時は、医師に連絡すること。
・眼に入った場合：水で数分間注意深く洗うこと。医師に連絡すること。
《保管》　・涼しいところ/換気の良い場所で保管すること。施錠して保管すること。
《廃棄》　・内容物や容器を、都道府県知事の許可を受けた専門の廃棄物処理業者に業務委託すること。

医薬用外劇物　指針番号　159
国連番号　2688

製品に関する問い合わせ先

⬆⬇ドラム缶に収納されている例

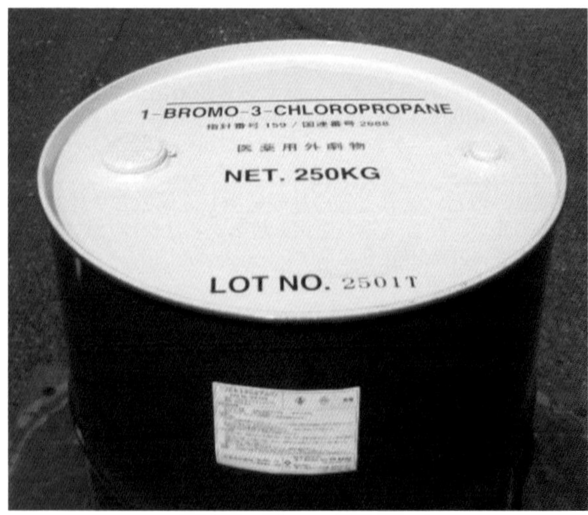

# 7 エチレンオキシド

<table>
<tr><td rowspan="3">品名</td><td>別名</td><td colspan="6">酸化エチレン、オキシラン、エポキシエタン、エチレンオキサイド</td></tr>
<tr><td>英語名</td><td colspan="6">Ethylene Oxide, Oxirane, Epoxyethane</td></tr>
<tr><td>化学式</td><td colspan="6">$(CH_2)_2O$</td></tr>
<tr><td rowspan="2">性状</td><td>比重</td><td>蒸気比重</td><td>融点</td><td>沸点</td><td colspan="3" rowspan="2">液体は無色で快香がある。常温では気体で空気より重く、引火しやすい(引火点 −17.8℃)。分解爆発性。</td></tr>
<tr><td>0.897(0℃)</td><td>1.52</td><td>−111.3℃</td><td>10.7℃</td></tr>
<tr><td colspan="3">毒物及び劇物取締法の適用</td><td>劇物</td><td colspan="2">含有製剤の消防法に基づく届出の要否</td><td colspan="2">要</td></tr>
<tr><td>水の影響</td><td colspan="7">易容。</td></tr>
<tr><td>火熱の影響</td><td colspan="7">密閉容器内では加熱により爆発することがある。<br>爆発限界が非常に広い(3.0～100V/V%)。</td></tr>
<tr><td>漏えい時の措置</td><td colspan="7">付近の着火源となるものは速やかに取り除く。<br>タンク、配管などから漏れている場合は、その部分に噴霧注水しながら漏れ止めの作業をする。漏出した液は土砂等で止め、大量の水で十分希釈して洗い流す。この場合、濃厚な廃液が河川等に排出されないように注意する。</td></tr>
<tr><td>火災時の措置</td><td colspan="7">(周辺火災の場合)<br>速やかに容器を安全な場所に移動する。移動不可能な場合は、噴霧注水により容器を冷却する。<br>(着火した場合)<br>漏えいが止められる場合は、漏えいを止め消火する。止められない場合は、周囲への延焼防止に努めるとともに容器に注水し冷却する。</td></tr>
<tr><td rowspan="2">人体への影響</td><td colspan="7">吸入―鼻、のど、気管支等の粘膜を激しく刺激し、倦怠感、頭痛、めまい、吐き気等の症状を起こす。はなはだしい場合には肺水腫、呼吸困難を起こす。<br>皮膚―皮膚を刺激し、炎症を起こす。<br>眼――粘膜を刺激し、炎症を起こす。はなはだしい場合は失明する。</td></tr>
<tr><td>$LD_{50}$</td><td>72mg／kg(ラ)</td><td>$LC_{50}$</td><td>836ppm／4hr(マ)</td><td>許容濃度</td><td colspan="2">1ppm</td></tr>
<tr><td>用途</td><td colspan="7">種々の有機化合物の誘導体の合成原料、界面活性剤、有機合成顔料、くん蒸消毒、殺菌剤。</td></tr>
<tr><td colspan="2">CAS No.</td><td colspan="2"></td><td colspan="2">国連番号</td><td colspan="2">1040 (等級 2.3)</td></tr>
</table>

⬆高圧ガスローリーに収納されている例
エチレンオキシドは主に高圧ガスローリーと貨車で流通している。

⬇貨車に収納されている例

# 8 塩化亜鉛

| | | |
|---|---|---|
| 品名 | 別名 | クロロ亜鉛、亜鉛酪、ジンクバター |
| | 英語名 | Zinc Chloride, Butter of Zinc |
| | 化学式 | $ZnCl_2$ |

| 性状 | 比重 | 蒸気比重 | 融点 | 沸点 | 白色の顆粒状又は粉末。潮解性。金属酸化物及び繊維素を溶解する。 |
|---|---|---|---|---|---|
| | 2.91 | —— | 313℃ | 732℃ | |

| 毒物及び劇物取締法の適用 | 劇物 | 含有製剤の消防法に基づく届出の要否 | 否 |
|---|---|---|---|

| | |
|---|---|
| 水の影響 | 極めて溶けやすい。 |
| 火熱の影響 | 加熱すると酸化亜鉛を含む煙霧及びガスが発生する。煙霧は亜鉛熱を起こし、煙霧及びガスは有害なので注意する。 |
| 漏えい時の措置 | 飛散したものは容器にできるだけ回収し、そのあとを消石灰、ソーダ灰等の水溶液を用いて処理した後、多量の水で洗い流す。この場合、濃厚な廃液が河川等に排出されないように注意する。 |
| 火災時の措置 | (周辺火災の場合)<br>速やかに容器を安全な場所に移動する。移動不可能な場合は、噴霧注水により容器及び周囲を冷却する。 |
| 人体への影響 | 吸入—鼻、のど、気管、気管支等の粘膜が侵される。<br>皮膚—刺激作用があり、皮膚炎又は潰瘍を起こす。<br>眼——粘膜が侵され、炎症を起こす。 |

| $LD_{50}$ | 350mg／kg(マ) | $LC_{50}$ | —— | 許容濃度 | 1mg／$m^3$ |
|---|---|---|---|---|---|

| | |
|---|---|
| 用途 | 乾電池・医薬などの脱水剤、染料・農薬の合成用、メッキ用、アクリル系合成繊維の原料、軽金属脱酸剤、塩化ビニル触媒、汚水処理剤、金属石けんの原料。 |

| CAS No. | 646－85－7 | 国連番号 | 2331（等級8） |
|---|---|---|---|

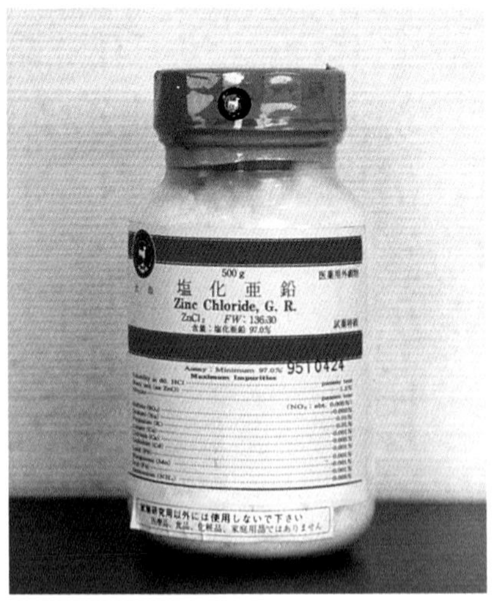


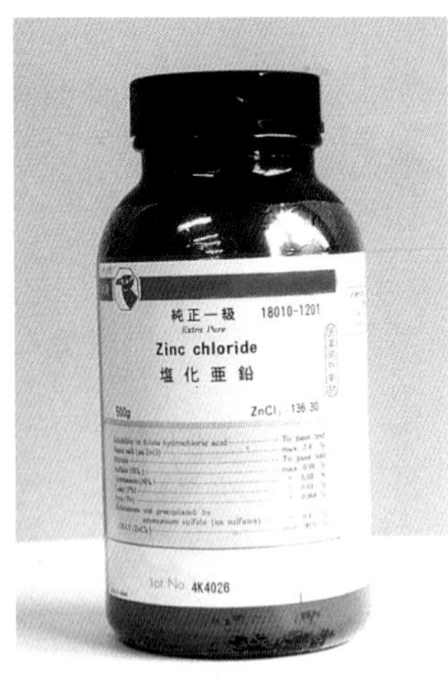


↑↗500g入りガラスビンに収納されている例

←塩化亜鉛そのものの姿

# 9　塩化水素

<table>
<tr><td rowspan="3">品名</td><td>別名</td><td colspan="6">無水塩化水素ガス、無水塩酸</td></tr>
<tr><td>英語名</td><td colspan="6">Hydrogen Chloride, Hydrochloric Acid Anhydrous</td></tr>
<tr><td>化学式</td><td colspan="6">HCl</td></tr>
<tr><td rowspan="2">性状</td><td>比重</td><td>蒸気比重</td><td>融点</td><td>沸点</td><td colspan="3" rowspan="2">無色の液化ガス。含有製剤（濃塩酸）は発煙性の液体である。不燃性。</td></tr>
<tr><td>1.3（−113℃）</td><td>1.3</td><td>−114℃</td><td>−85℃</td></tr>
<tr><td colspan="3">毒物及び劇物取締法の適用</td><td>劇物</td><td colspan="3">含有製剤の消防法に基づく届出の要否</td><td>要（36%以下を除く。）</td></tr>
<tr><td>水の影響</td><td colspan="7">容易に溶け塩酸を生じる。<br>塩化水素ガスは吸湿すると各種の金属を腐食して水素ガスを発生し、これが空気と混合して引火爆発することがある。</td></tr>
<tr><td>火熱の影響</td><td colspan="7">加熱すると熱膨張により破裂、噴出の危険がある。</td></tr>
<tr><td>漏えい時の措置</td><td colspan="7">水幕によるガスしゃ断。<br>漏えいを止められない場合は、噴霧注水によりガスを吸収後、アンモニアによる中和を行うか又は大量の水で希釈する。</td></tr>
<tr><td>火災時の措置</td><td colspan="7">（周辺火災の場合）<br>速やかに容器を安全な場所へ移動する。移動不可能な場合は、噴霧注水により容器及び周囲を冷却する。</td></tr>
<tr><td rowspan="2">人体への影響</td><td colspan="7">吸入—のど、気管支、肺等に炎症を起こし呼吸困難となる。<br>皮膚—化学的火傷、凍傷を起こす。<br>眼——粘膜等を激しく刺激する。</td></tr>
<tr><td>$LD_{50}$</td><td>1,449mg／kg（マ）</td><td>$LC_{50}$</td><td>1,108ppm/hr（マ）</td><td>許容濃度</td><td colspan="2">5ppm</td></tr>
<tr><td>用途</td><td colspan="7">グルタミン酸ソーダの製造、染料、香料、医薬、農薬。</td></tr>
<tr><td colspan="2">CAS No.</td><td colspan="2">7647−01−0</td><td>国連番号</td><td colspan="3">1050（等級2.3）</td></tr>
</table>

➡⬇高圧ガス容器に収納し、貯蔵されている例

⬅500 mℓビン、23 kgポリエチレン容器にそれぞれ濃塩酸が収納されている例

# 10 塩化第一すず

| 品名 | | |
|---|---|---|
| | 別名 | 塩化スズ(Ⅱ)、スズ塩、亜クロロスズ |
| | 英語名 | Stannous Chloride, Tin(Ⅱ) Chloride, Tin Dichloride, Tin Protochloride |
| | 化学式 | $SnCl_2 \cdot 2H_2O$ |

| 性状 | 比重 | 蒸気比重 | 融点 | 沸点 | |
|---|---|---|---|---|---|
| | 2.71 | —— | 37.7℃(分解) | 652℃ | 一般的には二水和物で無色の結晶。潮解性。37.7℃で結晶水中に溶けて分解する。 |

| 毒物及び劇物取締法の適用 | 劇物 | 含有製剤の消防法に基づく届出の要否 | 否 |
|---|---|---|---|

|  |  |
|---|---|
| 水の影響 | 極めて溶けやすい。 |
| 火熱の影響 | 加熱すると有害な酸化スズ(Ⅱ)の煙霧及びガスを発生する。 |
| 漏えい時の措置 | 飛散したものは容器にできるだけ回収し、そのあとを消石灰、ソーダ灰等の水溶液を用いて処理した後、多量の水で洗い流す。この場合、濃厚な廃液が河川等に排出されないように注意する。 |
| 火災時の措置 | (周辺火災の場合)<br>速やかに容器を安全な場所に移動する。移動不可能な場合は、噴霧注水により容器及び周囲を冷却する。 |
| 人体への影響 | 吸入―鼻、のど、気管支の粘膜を刺激することがある。<br>皮膚―炎症を起こすことがある。<br>眼――粘膜を激しく刺激する。 |

| $LD_{50}$ | 7.83mg/kg(ラ) | $LC_{50}$ | —— | 許容濃度 | 2mg/$m^3$ (Snとして) |
|---|---|---|---|---|---|

| 用途 | 染料の製造、メッキ、染色顔料、医薬品の合成、有機合成の触媒、分析用試薬。 |
|---|---|

| CAS No. | 7772−99−8 | 国連番号 | 1759 3077 3260 (等級8) |
|---|---|---|---|

⬆倉庫に金属缶で貯蔵されている例

⬇10kg 入り金属缶に収納されている例

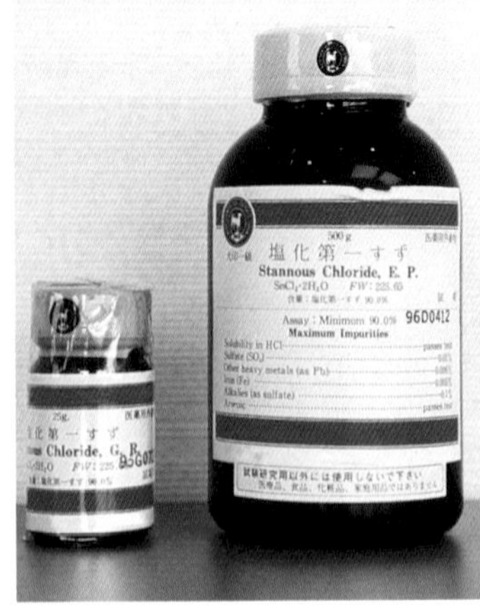


⬆25g、500g入りガラスビンに収納されている例

# 11　塩化第一銅

<table>
<tr><td rowspan="3">品名</td><td>別名</td><td colspan="7">塩化銅(Ⅰ)、塩化銅</td></tr>
<tr><td>英語名</td><td colspan="7">Cuprous Chloride, Copper(Ⅰ)Chloride</td></tr>
<tr><td>化学式</td><td colspan="7">CuCl 又は $Cu_2Cl_2$</td></tr>
<tr><td rowspan="2">性状</td><td>比重</td><td>蒸気比重</td><td>融点</td><td>沸点</td><td colspan="4" rowspan="2">白色又は灰白色の結晶性粉末。空気中で緑色に、光にさらせば褐色に変化する。</td></tr>
<tr><td>4.14(25℃)</td><td>――</td><td>422℃</td><td>1,366℃</td></tr>
<tr><td colspan="3">毒物及び劇物取締法の適用</td><td colspan="2">劇物</td><td colspan="3">含有製剤の消防法に基づく届出の要否</td><td>否</td></tr>
<tr><td>水の影響</td><td colspan="8">極めて溶けにくい。</td></tr>
<tr><td>火熱の影響</td><td colspan="8">加熱すると有毒な酸化銅(Ⅱ)の煙霧及びガスを発生する。</td></tr>
<tr><td>漏えい時の措置</td><td colspan="8">飛散したものは容器にできるだけ回収し、そのあとを多量の水で洗い流す。この場合、濃厚な廃液が河川等に排出されないように注意する。</td></tr>
<tr><td>火災時の措置</td><td colspan="8">(周辺火災の場合)<br>速やかに容器を安全な場所に移動する。移動不可能な場合は、噴霧注水により容器及び周囲を冷却する。</td></tr>
<tr><td rowspan="2">人体への影響</td><td colspan="8">眼――異物感を与え、粘膜を刺激する。</td></tr>
<tr><td>$LD_{50}$</td><td>140mg／kg(ラ)</td><td>$LC_{50}$</td><td colspan="2">1008ppm4H(マ)</td><td>許容濃度</td><td colspan="2">1mg／m³<br>(Cuとして)</td></tr>
<tr><td>用途</td><td colspan="8">農薬原料、塩素化触媒。</td></tr>
<tr><td colspan="2">CAS No.</td><td colspan="3">7758－89－6</td><td>国連番号</td><td colspan="3">2802（等級8）</td></tr>
</table>

⬅⬆20kg、10kg入り金属缶に収納されている例

⬇↘試料用ガラスビンに収納されている例

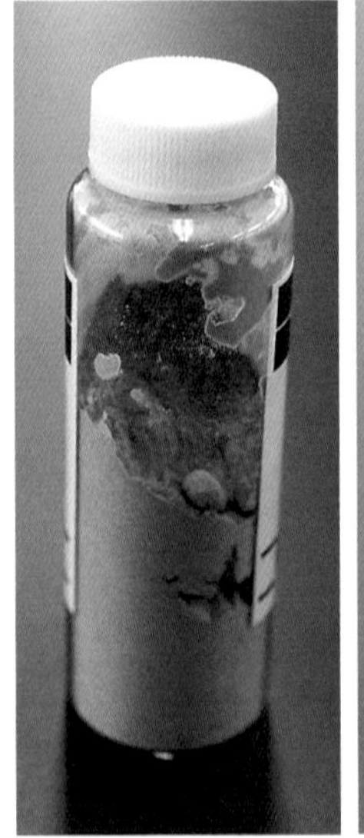

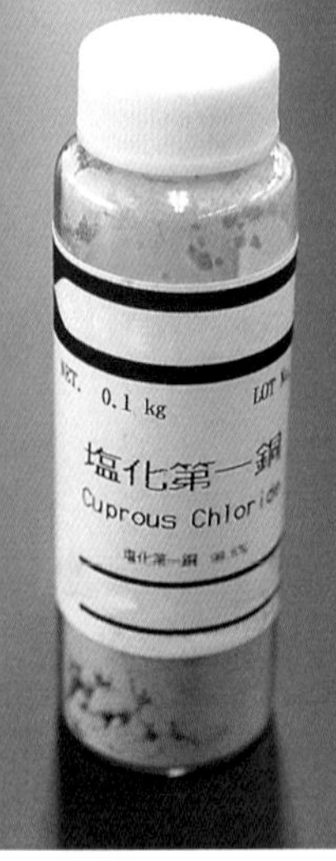


⬇500g 入り試薬ビンに収納されている例

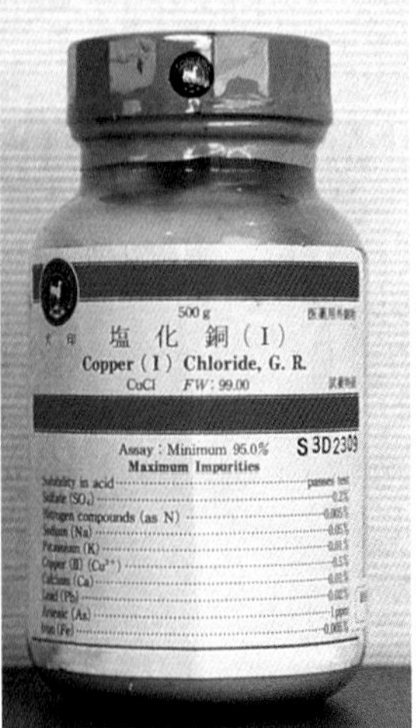

# 12 塩化第二水銀

<table>
<tr><td rowspan="3">品名</td><td>別　　名</td><td colspan="6">昇汞、過クロル汞、塩過汞</td></tr>
<tr><td>英 語 名</td><td colspan="6">Mercuric Chloride, Mercury Bichloride</td></tr>
<tr><td>化 学 式</td><td colspan="6">$HgCl_2$</td></tr>
<tr><td rowspan="2">性状</td><td>比 重</td><td>蒸気比重</td><td>融 点</td><td>沸 点</td><td colspan="3" rowspan="2">白色透明の結晶。<br>昇華性。</td></tr>
<tr><td>5.4(25℃)</td><td>——</td><td>277℃</td><td>304℃</td></tr>
<tr><td colspan="2">毒物及び劇物取締法の適用</td><td colspan="2">毒　物</td><td colspan="2">含有製剤の消防法に基づく届出の要否</td><td colspan="2">要</td></tr>
<tr><td>水の影響</td><td colspan="7">水に溶ける。水溶液は有毒である。</td></tr>
<tr><td>火熱の影響</td><td colspan="7">加熱すると有毒な酸化水銀(Ⅱ)の煙霧及びガスを発生する。</td></tr>
<tr><td>漏えい時の措置</td><td colspan="7">飛散の拡大防止には、ポリエチレンシート等で被覆する。<br>飛散したものはできるだけ不燃性の容器に回収する。</td></tr>
<tr><td>火災時の措置</td><td colspan="7">(周辺火災の場合)<br>速やかに容器を安全な場所へ移動する。移動不可能な場合は、飛散防止、容器の破損防止に留意し、噴霧注水により容器及び周囲を冷却する。</td></tr>
<tr><td rowspan="2">人体への影響</td><td colspan="7">吸入—鼻、のど、気管支、粘膜を刺激し、水銀中毒を起こすことがある。<br>皮膚—皮膚を刺激し、炎症を起こす。<br>眼——粘膜を激しく刺激する。</td></tr>
<tr><td>$LD_{50}$</td><td>1mg／kg(ラ)</td><td>$LC_{50}$</td><td colspan="2">——</td><td>許容濃度</td><td>0.05mg／$m^3$<br>(Hgとして)</td></tr>
<tr><td>用途</td><td colspan="7">医薬品、消毒薬、水銀化合物原料、分析用試薬。</td></tr>
<tr><td colspan="2">CAS No.</td><td colspan="2">7487－94－7</td><td colspan="2">国連番号</td><td colspan="2">1624（等級 6.1）</td></tr>
</table>

⬅倉庫内にファイバードラムで貯蔵されている例

➡ファイバードラムのふたを開けた状態

⬇収納ガラス小ビン（25g入り）と塩化第二水銀そのものの姿

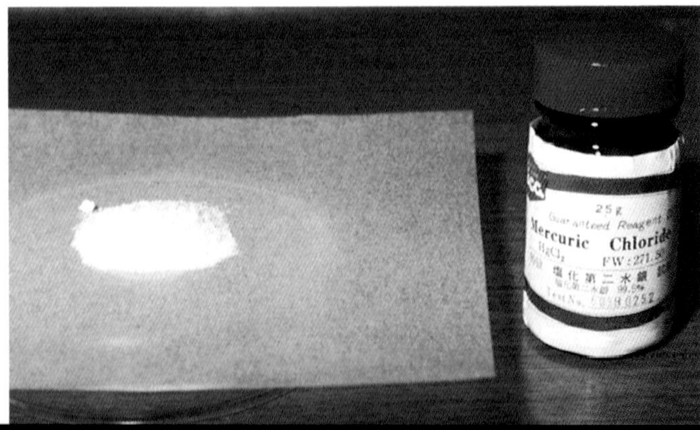

# 13 塩化第二すず

| 品名 | 別名 | 四塩化スズ、過クロルスズ | | | |
|---|---|---|---|---|---|
| | 英語名 | Stannic Chloride | | | |
| | 化学式 | $SnCl_4$ | | | |
| 性状 | 比重 | 蒸気比重 | 融点 | 沸点 | 無色の液体、白色結晶性の塊。腐食性。 |
| | 2.28 | 9.0 | −33℃ | 114℃ | |
| 毒物及び劇物取締法の適用 | 劇物 | 含有製剤の消防法に基づく届出の要否 | 否 | | |

|  |  |
|---|---|
| 水の影響 | 発熱して溶け、塩化水素ガスを発生する。<br>水の存在下においては、大部分の金属を腐食する。 |
| 火熱の影響 | なし。 |
| 漏えい時の措置 | 漏えいした液は土砂等でその流れを止め、安全な場所に導き、容器にできるだけ回収し、そのあとを消石灰、ソーダ灰等の水溶液を用いて処理した後、多量の水で洗い流す。この場合、濃厚な廃液が河川等に排出されないように注意する。 |
| 火災時の措置 | （周辺火災の場合）<br>速やかに容器を安全な場所へ移動する。移動不可能な場合は、噴霧注水により周囲を冷却する。この場合、容器に水が入らないように注意する。 |
| 人体への影響 | 吸入—鼻、のど、気管支の粘膜を刺激する。<br>皮膚—皮膚を激しく侵し、直接液に触れると薬傷を起こす。<br>眼——粘膜を激しく刺激する。 |

| $LD_{50}$ | 99mg／kg（マ） | $LC_{50}$ | 2,300mg／m³／10min（ラ） | 許容濃度 | 2mg／m³（Snとして） |
|---|---|---|---|---|---|

| 用途 | 重合触媒、絹染色の表面処理、有機スズ化合物原料。 |
|---|---|

| CAS No. | 10026－06－9 | 国連番号 | 2440（等級８） |
|---|---|---|---|

←50kgボンベに収納され、倉庫に貯蔵されている例

←ビン入りのものを段ボール箱に収め貯蔵している例

→500g入りガラスビンに収納されている例（左：結晶、右：液体）

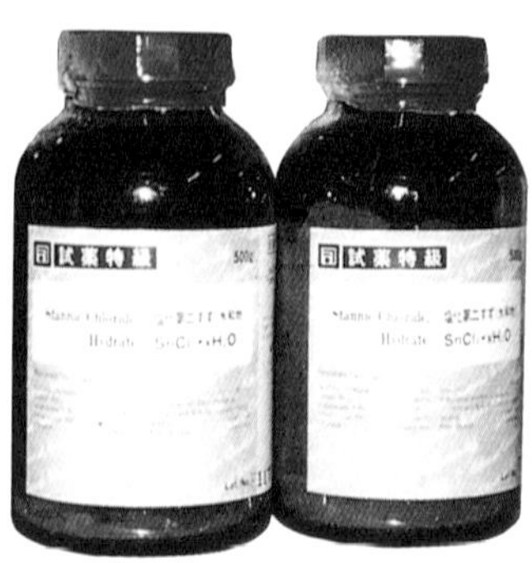


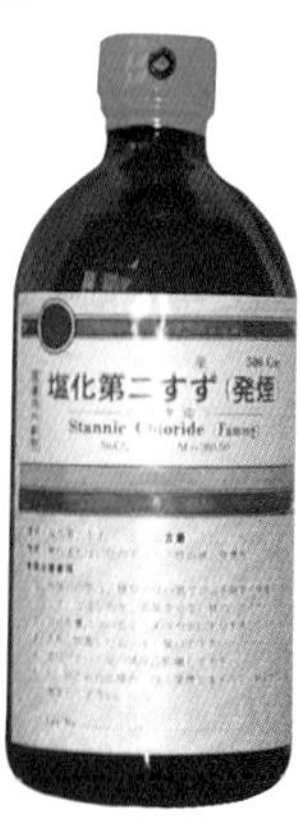

# 14 塩化第二銅

<table>
<tr><td rowspan="3">品名</td><td>別名</td><td colspan="6">塩化銅（Ⅱ）、塩化銅</td></tr>
<tr><td>英語名</td><td colspan="6">Cupric Chloride, Copper（Ⅱ）Chloride, Copper Chloride</td></tr>
<tr><td>化学式</td><td colspan="6">$CuCl_2 \cdot 2H_2O$</td></tr>
<tr><td rowspan="2">性状</td><td>比重</td><td>蒸気比重</td><td>融点</td><td>沸点</td><td colspan="3" rowspan="2">一般的には二水和物で青緑色の結晶。潮解性。110℃で無水物（褐黄色）となる。</td></tr>
<tr><td>2.39</td><td>——</td><td>498℃</td><td>993℃</td></tr>
<tr><td colspan="3">毒物及び劇物取締法の適用</td><td>劇物</td><td colspan="3">含有製剤の消防法に基づく届出の要否</td><td>否</td></tr>
<tr><td>水の影響</td><td colspan="7">溶けやすい。</td></tr>
<tr><td>火熱の影響</td><td colspan="7">加熱すると有毒な酸化銅（Ⅱ）の煙霧及びガスを発生する。</td></tr>
<tr><td>漏えい時の措置</td><td colspan="7">飛散したものは空容器にできるだけ回収し、そのあとを消石灰、ソーダ灰等の水溶液を用いて処理した後、多量の水で洗い流す。この場合、濃厚な廃液が河川等に排出されないように注意する。</td></tr>
<tr><td>火災時の措置</td><td colspan="7">（周辺火災の場合）<br>速やかに容器を安全な場所に移動する。移動不可能な場合は、噴霧注水により容器及び周囲を冷却する。</td></tr>
<tr><td rowspan="2">人体への影響</td><td colspan="7">吸入—鼻、のどの粘膜を刺激し、炎症を起こすことがある。<br>皮膚—刺激作用があり、炎症を起こすことがある。<br>眼——粘膜を激しく刺激する。</td></tr>
<tr><td>$LD_{50}$</td><td>9.4mg／kg</td><td>$LC_{50}$</td><td colspan="2">——</td><td>許容濃度</td><td>1mg／$m^3$<br>（Cuとして）</td></tr>
<tr><td>用途</td><td colspan="7">触媒、媒染剤、葉緑素製造、顔料。</td></tr>
<tr><td colspan="2">CAS No.</td><td colspan="2">7447－39－4</td><td colspan="2">国連番号</td><td colspan="2">2802（等級８）</td></tr>
</table>

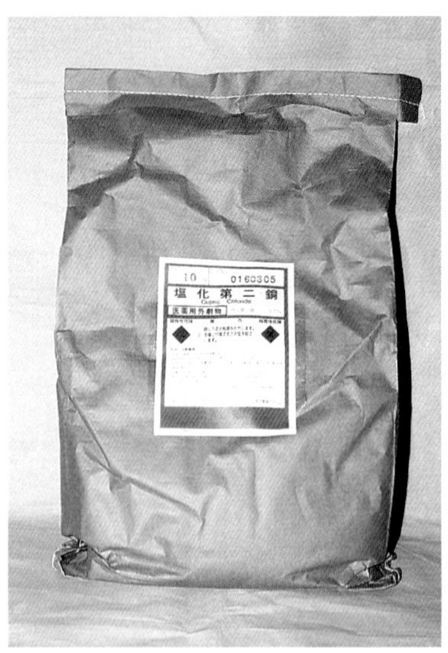


➡10kg入りクラフト紙袋に収納されている例

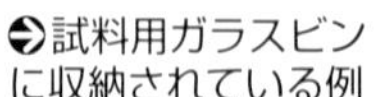
➡試料用ガラスビンに収納されている例

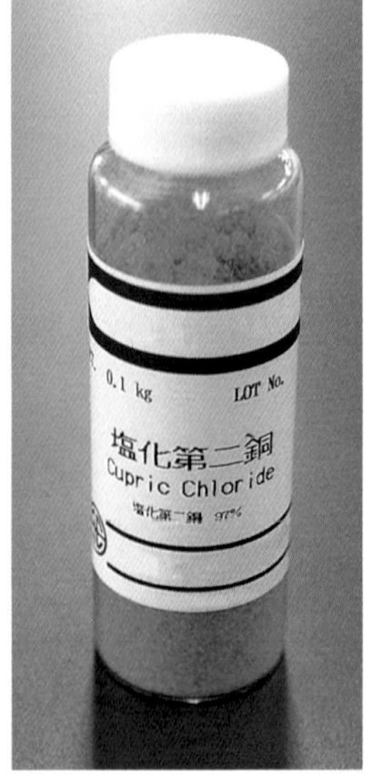

# 15 塩化バリウム

| | | | | | | | |
|---|---|---|---|---|---|---|---|
| 品名 | 別名 | 塩バリ | | | | | |
| | 英語名 | Barium Chloride | | | | | |
| | 化学式 | $BaCl_2 \cdot 2H_2O$ | | | | | |
| 性状 | 比重 | 蒸気比重 | 融点 | 沸点 | 一般的には二水和物で無色の結晶。不燃性。 | | |
| | 3.86（24℃） | —— | 925℃ | 1,560℃ | | | |
| 毒物及び劇物取締法の適用 | | 劇物 | | 含有製剤の消防法に基づく届出の要否 | | 否 | |
| 水の影響 | 溶けやすい。 | | | | | | |
| 火熱の影響 | なし。 | | | | | | |
| 漏えい時の措置 | 飛散したものは容器にできるだけ回収し、そのあとを硫酸ナトリウムの水溶液を用いて処理した後、多量の水で洗い流す。この場合、濃厚な廃液が河川等に排出されないように注意する。 | | | | | | |
| 火災時の措置 | （周辺火災の場合）<br>速やかに容器を安全な場所に移動する。移動不可能な場合は、噴霧注水により容器及び周囲を冷却する。 | | | | | | |
| 人体への影響 | 吸入—はなはだしい場合には鼻、のど、気管支、肺等の粘膜を刺激し、炎症を起こすことがある。<br>皮膚—炎症を起こすことがある。<br>眼——粘膜を激しく刺激する。 | | | | | | |
| | $LD_{50}$ | 118mg／kg（ラ） | $LC_{50}$ | —— | 許容濃度 | 0.5mg／$m^3$（Baとして） | |
| 用途 | 有機顔料、製紙、金属熱処理、レントゲン造影剤の原料、バリウム塩の製造原料。 | | | | | | |
| CAS No. | 10361－37－2 | | 国連番号 | 1564（等級6.1） | | | |

➡倉庫にクラフト紙袋で貯蔵されている例

➡25kg入りクラフト紙袋に収納されている例

➡500g入り試薬ビンに収納されている例

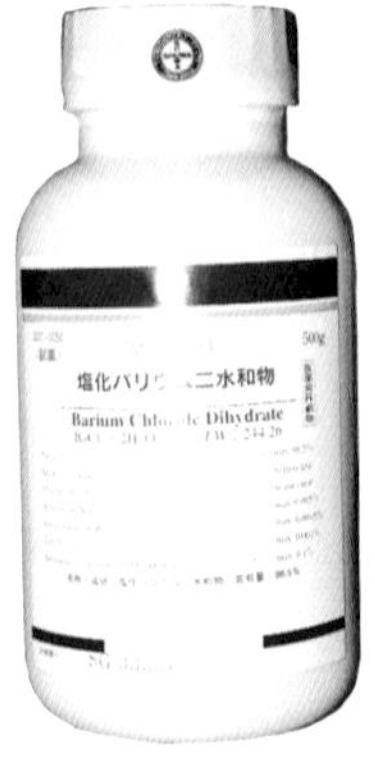


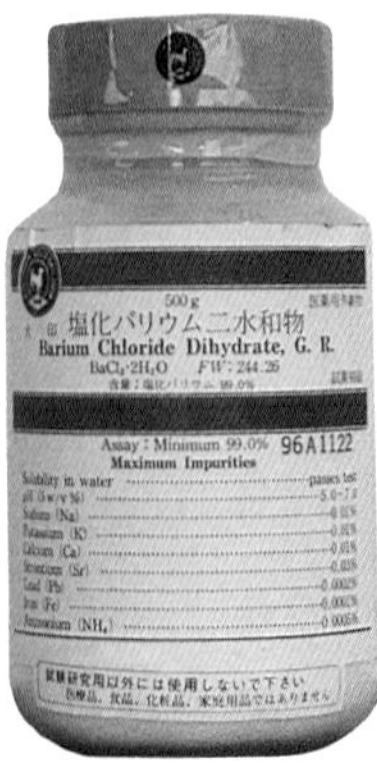

# ☠ 16 塩化ホスホリル

| | | |
|---|---|---|
| 品名 | 別名 | オキシ塩化リン |
| | 英語名 | Phosphoryl Chloride, Phosphorus Chloride, Phosphorus Oxychloride |
| | 化学式 | $POCl_3$ |

| 性状 | 比重 | 蒸気比重 | 融点 | 沸点 | 無色の刺激臭のある発煙性の液体。不燃性。 |
|---|---|---|---|---|---|
| | 1.7 (20℃) | 5.3 | 1.25℃ | 107.2℃ | |

| 毒物及び劇物取締法の適用 | 毒物 | 含有製剤の消防法に基づく届出の要否 | 要 |
|---|---|---|---|

| | |
|---|---|
| 水の影響 | 水と徐々に反応して、有毒な塩化水素のガスを発生する。<br>水溶液は強酸で塩基と激しく反応し、腐食性を示す。<br>水分の存在下においては、大部分の金属を強く腐食する。 |
| 火熱の影響 | 加熱すると分解して有毒な塩化水素のガスが発生する。 |
| 漏えい時の措置 | 漏えいした液は土砂等でその流れを止め、安全な場所に導き、密閉可能な容器にできるだけ回収し、そのあとを水酸化カルシウム等の水溶液を用いて処理した後、多量の水で洗い流す。この場合、濃厚な廃液が河川等に排出されないように注意する。 |
| 火災時の措置 | (周辺火災の場合)<br>速やかに容器を安全な場所に移動する。移動不可能な場合は、噴霧注水により容器及び周囲を冷却する。 |
| 人体への影響 | 吸入―鼻、のど、気管支等の粘膜を刺激し、炎症を起こす。はなはだしい場合には肺水腫、呼吸困難を起こす。<br>皮膚―皮膚を激しく刺激し、炎症を起こす。<br>眼――粘膜を激しく刺激し、炎症を起こす。 |

| $LD_{50}$ | 380mg/kg(ラ) | $LC_{50}$ | 48ppm/4hr(ラ) | 許容濃度 | 0.1ppm |
|---|---|---|---|---|---|

| | |
|---|---|
| 用途 | 特殊材料ガス。<br>可塑剤の製造、医薬の製造、香料、不燃性フィルム原料、有機合成における塩素置換剤及び触媒、無水酢酸、リン系農薬製造用。 |

| CAS No. | 10025-87-3 | 国連番号 | 1810 (等級6.1) |
|---|---|---|---|

🅐横置円筒型屋外タンク（30㎥）で貯蔵されている例

🅐ドラム缶（200ℓ）に収納されている例

🅑ガラスビンに収納されている例

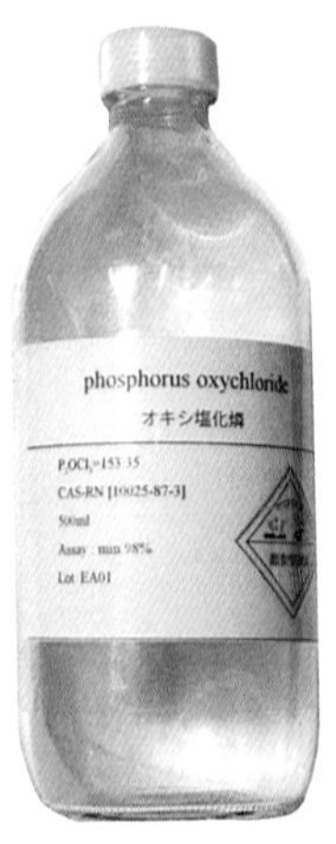


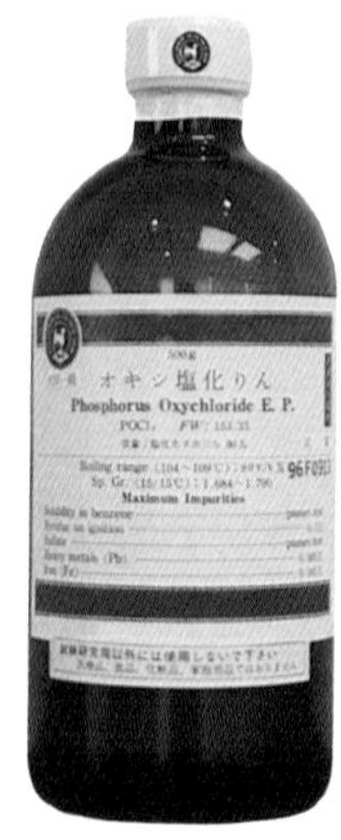

# 17 塩基性けい酸鉛

<table>
<tr><td rowspan="3">品名</td><td colspan="2">別名</td><td colspan="6">――――</td></tr>
<tr><td colspan="2">英語名</td><td colspan="6">Basic Lead Silicate</td></tr>
<tr><td colspan="2">化学式</td><td colspan="6">$PbO \cdot 2PbSiO_3 \cdot H_2O$</td></tr>
<tr><td rowspan="2">性状</td><td>比重</td><td>蒸気比重</td><td>融点</td><td>沸点</td><td rowspan="2" colspan="4">白色粉末。</td></tr>
<tr><td>6.2〜6.7</td><td>――</td><td>730℃</td><td>――</td></tr>
<tr><td colspan="3">毒物及び劇物取締法の適用</td><td colspan="2">劇物</td><td colspan="3">含有製剤の消防法に基づく届出の要否</td><td>否</td></tr>
<tr><td>水の影響</td><td colspan="8">難溶。</td></tr>
<tr><td>火熱の影響</td><td colspan="8">加熱すると分解して有毒な酸化鉛(Ⅱ)の煙霧を発生する。</td></tr>
<tr><td>漏えい時の措置</td><td colspan="8">飛散したものは容器にできるだけ回収し、そのあとを多量の水で洗い流す。洗い流す場合には中性洗剤等の分散剤を使用する。</td></tr>
<tr><td>火災時の措置</td><td colspan="8">(周辺火災の場合)<br>速やかに容器を安全な場所に移動する。移動不可能な場合は、噴霧注水により容器及び周囲を冷却する。</td></tr>
<tr><td rowspan="2">人体への影響</td><td colspan="8">吸入―鉛中毒を起こすことがある。<br>眼――異物感を与え、粘膜を刺激する。</td></tr>
<tr><td>$LD_{50}$</td><td>400mg／kg(モ)</td><td>$LC_{50}$</td><td colspan="2">――――</td><td>許容濃度</td><td colspan="2">0.1mg／$m^3$</td></tr>
<tr><td>用途</td><td colspan="8">塩化ビニル安定剤、防錆塗料の原料。</td></tr>
<tr><td colspan="2">CAS No.</td><td colspan="3">11120－22－2</td><td colspan="2">国連番号</td><td colspan="2"></td></tr>
</table>

⬆倉庫にクラフト紙袋で貯蔵されている例

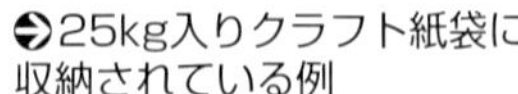

➔25kg入りクラフト紙袋に
収納されている例

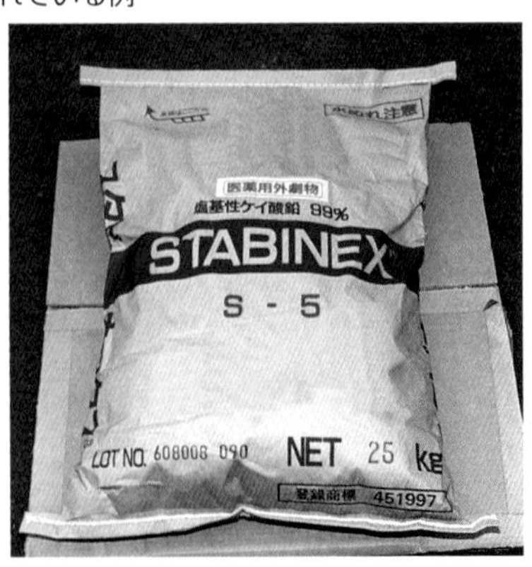

⬅塩基性ケイ酸鉛
そのものの姿

# 18 塩素

<table>
<tr><td rowspan="3">品名</td><td>別名</td><td colspan="6">クロル、クロリン、液体塩素、液塩</td></tr>
<tr><td>英語名</td><td colspan="6">Chlorine, Liquid Chlorine</td></tr>
<tr><td>化学式</td><td colspan="6">$Cl_2$</td></tr>
<tr><td rowspan="2">性状</td><td>比重</td><td>蒸気比重</td><td>融点</td><td>沸点</td><td colspan="3" rowspan="2">濃黄色油状の液体。<br>黄緑色の気体、激しい刺激臭がある。</td></tr>
<tr><td>1.6(−34℃)</td><td>2.5</td><td>−101℃</td><td>−34℃</td></tr>
<tr><td colspan="3">毒物及び劇物取締法の適用</td><td>劇物</td><td colspan="3">含有製剤の消防法に基づく届出の要否</td><td>否</td></tr>
<tr><td>水の影響</td><td colspan="7">水にわずかに溶け、塩素臭を持ち、酸性を呈す。<br>水分の存在下では各種の金属を侵す。</td></tr>
<tr><td>火熱の影響</td><td colspan="7">塩素自体は爆発性、引火性はないが、水素、アンモニア、アセチレンガス、細かく砕いた金属とは爆発的に反応する。<br>ボンベ加熱による破裂噴出の危険あり。</td></tr>
<tr><td>漏えい時の措置</td><td colspan="7">少量の場合—消石灰で中和する。<br>多量の場合—消石灰で中和するか又は遠方から噴霧注水により吸収させる。</td></tr>
<tr><td>火災時の措置</td><td colspan="7">(周辺火災の場合)<br>速やかに容器を安全な場所へ移動する。移動不可能な場合は、爆発に十分留意した上、噴霧注水により容器及び周囲を冷却する。</td></tr>
<tr><td rowspan="2">人体への影響</td><td colspan="7">吸入—鼻、のど、気管支の粘膜が侵される。多量の吸入は呼吸困難を起こす。<br>皮膚—皮膚を激しく侵し、直接触れると凍傷を起こす。<br>眼——粘膜を激しく刺激し、炎症を起こす。</td></tr>
<tr><td>$LD_{50}$</td><td>———</td><td>$LC_{50}$</td><td>137ppm/hr(マ)</td><td>許容濃度</td><td colspan="2">1ppm</td></tr>
<tr><td>用途</td><td colspan="7">漂白剤(サラシ粉)の原料、塩化ビニル原料、酸化剤。</td></tr>
<tr><td colspan="2">CAS No.</td><td colspan="2">7782−50−5</td><td>国連番号</td><td colspan="3">1017 (等級 2.3)</td></tr>
</table>

➡水の殺菌用としてタンクに貯蔵し、使用している例

⬅ボンベ入りで貯蔵されている例

➡化学薬品工場の原料として塩素が供給されている例

# 19 オキシ三塩化バナジウム

| 品名 | 別名 | 三塩化酸化バナジウム | | | |
|---|---|---|---|---|---|
| | 英語名 | Vanadium (V) trichloride oxide | | | |
| | 化学式 | $VOCl_3$ | | | |
| 性状 | 比重 | 蒸気密度 | 融点 | 沸点 | 刺激臭のある黄褐色の液体。 |
| | 1.81 | 6.0 | -79～-75℃ | 126.7℃ | |
| 毒物及び劇物取締法の適用 | | 劇物 | 含有製剤の消防法に基づく届出の要否 | | 要 |

| | |
|---|---|
| 水の影響 | 水との反応性が高く、放置しておくと塩素が発生する。また、塩酸、バナジウム酸を生成するおそれがある。<br>メタノール、ベンゼン、ヘキサン、アセトンなどに可溶である。 |
| 火熱の影響 | 火災時には、熱分解により、有毒な気体（VOxとCl）が発生するおそれがある。 |
| 漏えい時の措置 | 危険がないときは、漏えい部をふさぎ、防止堤で囲む。<br>残存物は不燃性で吸収力のある材料（乾燥砂、土等）で覆い、密閉容器に入れて安全なところに運ぶ。 |
| 火災時の措置 | この物質自体は燃えない。<br>適応消火剤は、ドライケミカル及び炭酸ガス。<br>水、泡は使用禁止。<br>容器を水噴霧で冷却し、危険区域外に移す。 |
| 人体への影響 | 吸入―気道粘膜を刺激し、高濃度の場合は鼻汁・くしゃみ・のどの痛み・胸骨裏側の圧迫感・痛みを起こすことがある。<br>皮膚―刺激作用があり、激しく腐食することがある。<br>眼――結膜を刺激し、高濃度の場合は痛み・涙流を起こすことがある。 |
| | $LD_{50}$ 140mg/kg（ラ） / $LC_{50}$ / 許容濃度 |
| 用途 | オレフィン重合の触媒、染料の繊維固着剤。<br>強い酸化剤であり、主に有機合成の試薬としても用いられる。 |

| CAS No. | 7727－18－6 | 国連番号 | 2443（等級８） |
|---|---|---|---|

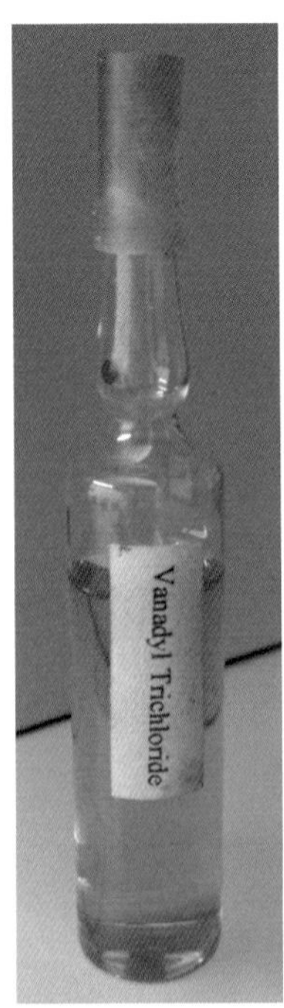


⬆ガラスビンに収納されている例

⬆オキシ三塩化バナジウムをビーカーに入れた状態

下の写真出典：「三塩化酸化バナジウム（V）」
『フリー百科事典　ウィキペディア日本語版』
UTC、URL: http://ja.wikipedia.org 2012年8月8日（水）23:58

# 20 オルトフェニレンジアミン

| 品名 | 別名 | 1，2 －ジアミノベンゼン | | | |
|---|---|---|---|---|---|
| | 英語名 | o-Phenylenediamine, o-Diaminobenzene | | | |
| | 化学式 | $C_6H_4(NH_2)_2$ | | | |
| 性状 | 比重 | 蒸気比重 | 融点 | 沸点 | 白色葉状晶又は白色板状晶。空気中に放置すると次第に紫褐色、あるいは黒色に変色する（引火点 156℃）。 |
| | 1.031 | 3.73 | 103.8℃ | 252℃ | |
| 毒物及び劇物取締法の適用 | 劇　物 | 含有製剤の消防法に基づく届出の要否 | 否 | | |
| 水の影響 | 難溶（熱水に可溶）。 | | | | |
| 火熱の影響 | 火や熱にさらされたとき、わずかに燃える。<br>加熱により刺激性、有毒ガスを発生する。<br>加熱、衝撃、摩擦により発熱、発火することがある。 | | | | |
| 漏えい時の措置 | 防水シート等で覆い、拡散防止を図り、空容器に回収する。 | | | | |
| 火災時の措置 | （周辺火災の場合）<br>速やかに容器を安全な場所に移動する。 | | | | |
| 人体への影響 | 吸入―めまい、視覚障害、気管支喘息を起こす。<br>皮膚―皮膚炎（かぶれ）を起こし、深部に侵入する。皮膚アレルギーを起こすことがある。<br>眼――角結膜炎、結膜浮腫を起こす。 | | | | |
| | $LD_{50}$ 1,070mg／kg（ラ） | $LC_{50}$ ――― | 許容濃度 0.1mg／$m^3$ | | |
| 用途 | 農薬、防錆剤、ゴム薬、医薬品、顔料。 | | | | |
| CAS No. | | 国連番号 | 1673（等級 6.1） | | |

🅐400kg入りフレコンに収納されている例

🅐オープンドラムに収納されている例

## オルトフェニレンジアミン

業務用
火気厳禁
衝撃注意

**警　告**

医薬用外劇物

NET　　100KGS

LOT NO.

取扱いには本ラベルを読み下記の注意事項を守って下さい。

有害性

- 蒸気を吸入したり皮膚に付着した場合、中毒又は皮膚障害を起こすおそれがあります。
- 吸入すると感作を起こすおそれがあります。
- 発ガン性の疑いがあります。

〈注意事項〉

- 熱源や点火源に絶対近づけないで下さい。
- 衝撃や摩擦を避けて下さい。
- 皮膚、眼との接触を避け、粉塵を吸入しないで下さい。
- 取扱い中は保護メガネ、保護手袋、防塵マスクを着用して下さい。
- 直射日光を避け、通風、換気の良い冷暗所に保管しガソリン、アルコール等と一緒に貯蔵しないで下さい。
- 火災時には離れた場所から多量の水を用いて消火して下さい。
- 露出時は濡らしたペーパータオル等で拭き取り完全に回収して下さい。汚染した場所は洗剤を使って良く洗浄して下さい。
- 目に入った場合は直ちに流水で１５分以上洗浄し、医師の診察を受けて下さい。
- 飲み込んだ場合は直ちに多量の水を飲ませ吐かせ、医師の診察を受けて下さい
- 皮膚に付着した場合は直ちに多量の水又は石鹸水で十分に洗浄して下さい。

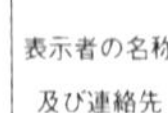

| 表示者の名称及び連絡先 | 本社　○○○○株式会社　TEL○○-○○○-○○○○<br>○○市○○郡○○町１丁目１番１号<br>工場　○○○○㈱○○工場 TEL○○-○○○-○○○○<br>○○市○○郡○○町１丁目１番１号 |
|---|---|

🅐精製されたオルトフェニレンジアミンそのものの姿

🅐フレーク状のオルトフェニレンジアミンそのものの姿

# 21 カルボン酸のバリウム塩
## （例：ステアリン酸バリウム）

| | | | | | |
|---|---|---|---|---|---|
| 品名 | 別名 | ―――― | | | |
| | 英語名 | (Barium Stearate) | | | |
| | 化学式 | $(R\text{-}COO)_2Ba$ | | | |
| 性状 | 比重 | 蒸気比重 | 融点 | 沸点 | ステアリン酸バリウム等は白色のかさ密度の大きい微粉末で飛散しやすく、水をはじきやすい。 |
| | 1.2 | ―― | 225℃以上 | ―― | |
| 毒物及び劇物取締法の適用 | 劇　物 | 含有製剤の消防法に基づく届出の要否 | 否 | | |
| 水の影響 | ほとんど溶けない。 | | | | |
| 火熱の影響 | 加熱すると210℃付近で溶融し、流れ出し、更に強熱すると燃焼する。 | | | | |
| 漏えい時の措置 | 飛散したものは空容器にできるだけ回収し、そのあとを多量の水で洗い流す。洗い流す場合には中性洗剤等の分散剤を使用する。 | | | | |
| 火災時の措置 | （周辺火災の場合）<br>速やかに容器を安全な場所に移動する。移動不可能な場合は、噴霧注水により容器及び周囲を冷却する。<br>（着火した場合）<br>初期の火災には$CO_2$、泡等を用いて消火する。大規模火災の場合は、多量の水を用いて消火する。 | | | | |
| 人体への影響 | 吸入―はなはだしい場合には鼻、のど、気管支、肺等の粘膜を刺激し、炎症を起こすことがある。<br>眼――異物感を与え、粘膜を刺激する。 | | | | |
| | $LD_{50}$ 4,000mg／kg(ラ) | $LC_{50}$ ―――― | 許容濃度 0.5mg／m³ (Baとして) | | |
| 用途 | 金属石けん系滑剤。 | | | | |
| CAS No. | | 国連番号 | | | |

⬆10kg入りクラフト紙袋に収納されている例

⬅ステアリン酸バリウムそのものの姿

# 22 クロム酸亜鉛カリウム

| 品名 | 別名 | 亜鉛黄1種(ZPC)、ジンククロメート | | | |
|---|---|---|---|---|---|
| | 英語名 | Potassium Zinc Chromate, Zinc Potassium Chromate, Zinc Chromate | | | |
| | 化学式 | $K_2CrO_4 \cdot ZnCrO_4 \cdot ZnO$ | | | |
| 性状 | 比重 | 蒸気比重 | 融点 | 沸点 | 淡黄色粉末。 |
| | 3.5 | —— | —— | —— | |

| 毒物及び劇物取締法の適用 | 劇物 | 含有製剤の消防法に基づく届出の要否 | 要 |
|---|---|---|---|

| | |
|---|---|
| 水の影響 | やや溶けやすい。 |
| 火熱の影響 | 加熱すると有害な酸化亜鉛(Ⅱ)の煙霧を発生する。 |
| 漏えい時の措置 | 飛散したものは容器にできるだけ回収し、そのあとを還元剤(硫酸第一鉄等)の水溶液を散布し、消石灰、ソーダ灰等の水溶液で処理した後、多量の水で洗い流す。この場合、濃厚な廃液が河川等に排出されないよう注意する。 |
| 火災時の措置 | (周辺火災の場合)<br>速やかに容器を安全な場所に移動する。移動不可能な場合は、噴霧注水により容器及び周囲を冷却する。 |
| 人体への影響 | 吸入—クロム中毒を起こすことがある。<br>皮膚—皮膚炎又は潰瘍を起こすことがある。<br>眼——粘膜を刺激し、結膜炎を起こす。 |

| $LD_{50}$ | 0.5~0.6g/kg(ラ) | $LC_{50}$ | ——— | 許容濃度 | 0.01mg/m$^3$ |
|---|---|---|---|---|---|

| | |
|---|---|
| 用途 | さび止め下塗り塗料用。 |

| CAS No. | | 国連番号 | |
|---|---|---|---|

⬆クロム酸亜鉛カリウムそのものの姿

# 23 クロム酸ストロンチウム

| 品名 | 別名 | ストロンチウムクロメート、ストロンチウムイエロー | | | |
|---|---|---|---|---|---|
| | 英語名 | Strontium Chromate, Strontium Yellow | | | |
| | 化学式 | $SrCrO_4$ | | | |
| 性状 | 比重 | 蒸気比重 | 融点 | 沸点 | 黄色単斜系の結晶性粉末。<br>腐食性。 |
| | 3.75 | —— | —— | —— | |
| 毒物及び劇物取締法の適用 | 劇物 | 含有製剤の消防法に基づく届出の要否 | 要 | | |
| 水の影響 | 溶けにくい。 | | | | |
| 火熱の影響 | なし。 | | | | |
| 漏えい時の措置 | 飛散したものは容器にできるだけ回収し、そのあとを還元剤（硫酸第一鉄等）の水溶液を散布し、消石灰、ソーダ灰等の水溶液で処理した後、多量の水で洗い流す。この場合、濃厚な廃液が河川等に排出されないように注意する。 | | | | |
| 火災時の措置 | （周辺火災の場合）<br>速やかに容器を安全な場所に移動する。移動不可能な場合は、噴霧注水により容器及び周囲を冷却する。 | | | | |
| 人体への影響 | 吸入—クロム中毒を起こすことがある。<br>皮膚—皮膚炎又は潰瘍を起こすことがある。<br>眼——粘膜を刺激し、結膜炎を起こす。 | | | | |
| | $LD_{50}$ 3,118mg／kg（ラ） | $LC_{50}$ —— | 許容濃度 | 0.05mg／m³（Crとして） | |
| 用途 | さび止め顔料。 | | | | |
| CAS No. | 7789－06－2 | 国連番号 | 1759 3288（等級 6.1） | | |

🔼パレット上に保管されている例

🔼クロム酸ストロンチウムそのものの姿

🔽20kg入りクラフト紙袋に収納されている例

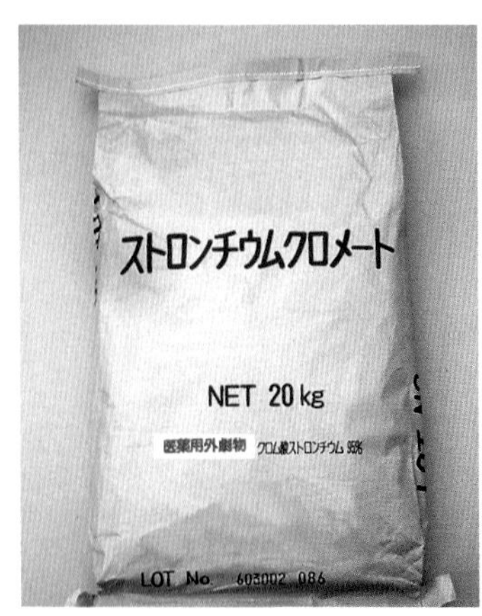

# 24 クロム酸鉛

<table>
<tr><td rowspan="3">品名</td><td>別名</td><td colspan="6">黄鉛G、クロムイエロー、クロム黄</td></tr>
<tr><td>英語名</td><td colspan="6">Lead Chromate, Chrome Yellow</td></tr>
<tr><td>化学式</td><td colspan="6">$PbCrO_4$</td></tr>
<tr><td rowspan="2">性状</td><td>比重</td><td>蒸気比重</td><td>融点</td><td>沸点</td><td colspan="3" rowspan="2">橙味の黄色粉末。</td></tr>
<tr><td>6.12</td><td>——</td><td>844℃(分解)</td><td>——</td></tr>
<tr><td colspan="3">毒物及び劇物取締法の適用</td><td colspan="2">劇物</td><td colspan="2">含有製剤の消防法に基づく届出の要否</td><td>要(70%以下を除く。)</td></tr>
<tr><td>水の影響</td><td colspan="7">ほとんど溶けない。</td></tr>
<tr><td>火熱の影響</td><td colspan="7">加熱(融点以上)すると酸素を発生しながら徐々に分解する。</td></tr>
<tr><td>漏えい時の措置</td><td colspan="7">飛散したものは容器にできるだけ回収し、そのあとを多量の水で洗い流す。この場合、濃厚な廃液が河川等に排出されないように注意する。</td></tr>
<tr><td>火災時の措置</td><td colspan="7">(周辺火災の場合)<br>速やかに容器を安全な場所に移動する。移動不可能な場合は、噴霧注水により容器及び周囲を冷却する。</td></tr>
<tr><td rowspan="2">人体への影響</td><td colspan="7">吸入—クロム中毒を起こすことがある。<br>眼——異物感を与え、粘膜を刺激する。</td></tr>
<tr><td>$LD_{50}$</td><td>400mg/kg(モ)</td><td>$LC_{50}$</td><td colspan="2">——</td><td>許容濃度</td><td>0.05mg/m³</td></tr>
<tr><td>用途</td><td colspan="7">合成樹脂塗料の原料、印刷インキ、合成樹脂の着色、油絵、建材、鉛筆、紙染、ゴム。</td></tr>
<tr><td>CAS No.</td><td colspan="3">7758-97-6</td><td colspan="2">国連番号</td><td colspan="2"></td></tr>
</table>

⇦倉庫にクラフト紙袋で貯蔵されている例

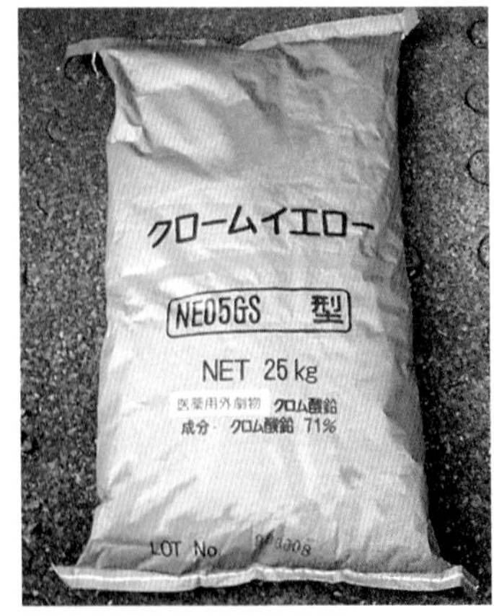


⇨25kg入りクラフト紙袋に収納されている例

⇩試料用ガラスビンに収納されている例

# 25 クロルスルホン酸

<table>
<tr><td rowspan="3">品名</td><td>別名</td><td colspan="6">クロロスルホン酸、クロスル、塩化スルホン酸、クロロ硫酸</td></tr>
<tr><td>英語名</td><td colspan="6">Chlorosulfonic Acid , Chlorosulfuric Acid</td></tr>
<tr><td>化学式</td><td colspan="6">$HSO_3Cl$</td></tr>
<tr><td rowspan="2">性状</td><td>比重</td><td>蒸気比重</td><td>融点</td><td>沸点</td><td colspan="3" rowspan="2">無色発煙性液体。臭気は刺激性。不燃性。</td></tr>
<tr><td>1.796</td><td>4.02</td><td>−80℃</td><td>152℃</td></tr>
<tr><td colspan="3">毒物及び劇物取締法の適用</td><td>劇物</td><td colspan="2">含有製剤の消防法に基づく届出の要否</td><td colspan="2">否</td></tr>
<tr><td>水の影響</td><td colspan="7">水と激しく反応し、有毒な白煙を多量に発生する。<br>水分の存在下では、大部分の金属を強く腐食する。</td></tr>
<tr><td>火熱の影響</td><td colspan="7">可燃性物質と接触して発熱し、可燃性物質を発火させる危険性がある。</td></tr>
<tr><td>漏えい時の措置</td><td colspan="7">土砂等により漏えい拡大を防止する。<br>噴霧注水により十分に分解希釈した後、消石灰、ソーダ灰等で中和する。</td></tr>
<tr><td>火災時の措置</td><td colspan="7">(周辺火災の場合)<br>速やかに容器を安全な場所へ移動する。移動不可能な場合は、噴霧注水により周囲を冷却する。この場合、容器に水が入らないように注意する。</td></tr>
<tr><td rowspan="2">人体への影響</td><td colspan="7">吸入—煙霧を吸入すると肺が侵され、はなはだしい場合には意識不明となる。<br>皮膚—激しい火傷(薬傷)を起こす。<br>眼——粘膜が激しく刺激され、失明することがある。</td></tr>
<tr><td>$LD_{50}$</td><td>350mg/kg(ラ)</td><td>$LC_{50}$</td><td>———</td><td>許容濃度</td><td colspan="2">100ppm</td></tr>
<tr><td>用途</td><td colspan="7">有機合成原料、医薬品原料、合成洗剤原料。</td></tr>
<tr><td colspan="2">CAS No.</td><td colspan="2">7790−94−5</td><td>国連番号</td><td colspan="3">1754(等級8)</td></tr>
</table>

⬆化学工場に設置されているクロルスルホン酸の屋外貯蔵タンク
⬇前掲屋外タンクのクローズアップ

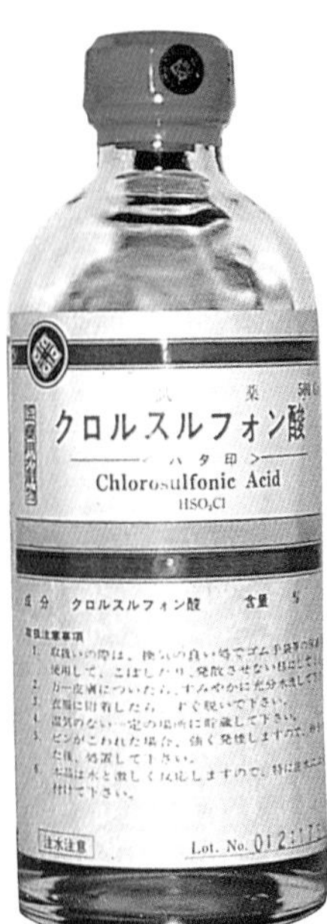


➡試薬ビンに収納されている例

# 26 クロルピクリン

<table>
<tr><td rowspan="3">品名</td><td>別　　名</td><td colspan="6">塩化ピクリン、トリクロロニトロメタン</td></tr>
<tr><td>英 語 名</td><td colspan="6">Chloropicrin, Trichloronitromethane</td></tr>
<tr><td>化 学 式</td><td colspan="6">$CCl_3NO_2$</td></tr>
<tr><td rowspan="2">性状</td><td>比 重</td><td>蒸気比重</td><td>融 点</td><td>沸 点</td><td colspan="3" rowspan="2">無色又は淡黄色の油状液体。<br>刺激性、催涙性(人体への影響から)。</td></tr>
<tr><td>1.7(20℃)</td><td>5.7</td><td>−64℃</td><td>112℃</td></tr>
<tr><td colspan="2">毒物及び劇物取締法の適用</td><td colspan="2">劇　物</td><td colspan="2">含有製剤の消防法に基づく届出の要否</td><td colspan="2">要</td></tr>
<tr><td>水の影響</td><td colspan="7">わずかに溶ける。</td></tr>
<tr><td>火熱の影響</td><td colspan="7">加熱すると分解して有毒なホスゲン、塩素ガスを発生する。</td></tr>
<tr><td>漏えい時の措置</td><td colspan="7">土砂等により漏えい拡大を防止する。<br>多量に流出した場合は、多量の活性炭又は消石灰を散布して覆い、専門家の指示により処理する。</td></tr>
<tr><td>火災時の措置</td><td colspan="7">(周辺火災の場合)<br>速やかに容器を安全な場所へ移動する。移動不可能な場合は、容器の破損防止に留意し、噴霧注水により容器及び周囲を冷却する。</td></tr>
<tr><td rowspan="2">人体への影響</td><td colspan="7">吸入―気管支を刺激する。多量の吸入は、胃腸炎、肺炎、血尿、悪心、呼吸困難等を起こす。<br>皮膚―液が直接触れると水ぶくれを生ずることがある。<br>眼――眼の粘膜を刺激し催涙する。視力障害を起こすことがある。</td></tr>
<tr><td>$LD_{50}$</td><td>250mg／kg(ラ)</td><td>$LC_{50}$</td><td>1,600mg／m³／10min(マ)</td><td>許容濃度</td><td colspan="2">0.1 ppm</td></tr>
<tr><td>用途</td><td colspan="7">農業用殺虫殺菌剤、土壌くん蒸剤。</td></tr>
<tr><td colspan="2">CAS No.</td><td colspan="2">76−06−2</td><td>国連番号</td><td colspan="3">1580（等級 6.1）</td></tr>
</table>

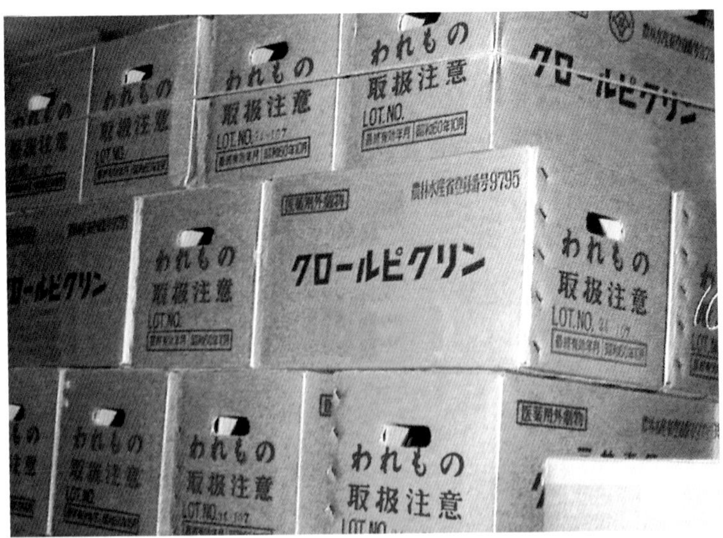


↑ビン入りのものをダンボール箱に収納し、貯蔵している例

→1ℓ入りガラスビンに収納されている例

# 27 クロルメチル

| 品名 | 別名 | 塩化メチル、クロロメタン、メチルクロライド | | | |
|---|---|---|---|---|---|
| | 英語名 | Methyl Chloride, Chloromethyl, Chloromethane | | | |
| | 化学式 | $CH_3Cl$ | | | |

| 性状 | 比重 | 蒸気比重 | 融点 | 沸点 | |
|---|---|---|---|---|---|
| | 1.0 | 2.5 | −98℃ | −24℃ | 無色、エーテル臭のガス。<br>可燃性ガス（8.1〜17.4％）。<br>空気と混合し爆発性混合ガスとなる。 |

| 毒物及び劇物取締法の適用 | 劇物 | 含有製剤の消防法に基づく届出の要否 | 要（50％以下でガス300mℓ以下の殺虫剤を除く。） |
|---|---|---|---|

|  |  |
|---|---|
| 水の影響 | 水に溶けると徐々に分解し塩酸となる。 |
| 火熱の影響 | 燃焼すると有毒なホスゲン、塩化水素を発生する。<br>ボンベ加熱による破裂噴出の危険あり。 |
| 漏えい時の措置 | 着火源の排除を行い、漏えいを止める。液状で漏えいしたときは、土砂等により漏えい拡大を防止し、蒸発させる。 |
| 火災時の措置 | (周辺火災の場合)<br>速やかに容器を安全な場所に移動する。移動不可能な場合は、噴霧注水により容器及び周囲を冷却する。<br>(着火した場合)<br>漏えいが止められない場合は、燃焼を継続させ、周辺への延焼防止に努めるとともに噴霧注水により容器を冷却する。 |
| 人体への影響 | 吸入—麻酔作用がある。多量の場合、頭痛、おう吐等が起こり、意識を失うこともある。<br>皮膚—液が触れると凍傷を起こす。<br>眼——粘膜が侵される。 |

| $LD_{50}$ | 1800mg／kg（ラ） | $LC_{50}$ | 3,146ppm/7hr（マ） | 許容濃度 | 50ppm |
|---|---|---|---|---|---|

| 用途 | 医薬品、農薬、有機合成のメチル化剤、冷媒、抽出剤。 |
|---|---|

| CAS No. | 74−87−3 | 国連番号 | 1063（等級 2.1） |
|---|---|---|---|

↑製造工場において高圧ガス容器に収納され、保管されている例
この容器はボンベとして大きい方のもので、直径96cm、長さ184cm（保護枠を含む）、充塡時の総重量は1,150kgである。

↓ボンベに収納されている例（側面）

# 28 クロロアセチルクロライド

| 品名 | | |
|---|---|---|
| | 別名 | クロロ酢酸クロライド、塩化クロロアセチル |
| | 英語名 | Chloroacetyl Chloride |
| | 化学式 | $CH_2ClCOCl$ |

| 性状 | 比重 | 蒸気比重 | 融点 | 沸点 | 刺激臭の強い無色又は微黄色透明の液体。不燃性。 |
|---|---|---|---|---|---|
| | 1.498 | 3.9 | −21.77℃ | 106℃ | |

| 毒物及び劇物取締法の適用 | 劇物 | 含有製剤の消防法に基づく届出の要否 | 要 |
|---|---|---|---|

|  |  |
|---|---|
| 水の影響 | 加水分解する。<br>水とは激しく反応して強い発熱があり、塩化水素又は塩酸が生じる。水分の存在下では、大部分の金属を強く腐食する。 |
| 火熱の影響 | 強熱されると分解して有毒な塩化水素ガスが発生する。 |
| 漏えい時の措置 | 漏えいした液は土砂等でその流れを止め、安全な場所に導き、密閉可能な空容器にできるだけ回収し、そのあとを水酸化カルシウム等の水溶液で中和した後、多量の水を用いて洗い流す。この場合、濃厚な廃液が河川等に排出されないよう注意する。 |
| 火災時の措置 | (周辺火災の場合)<br>速やかに容器を安全な場所に移動する。移動不可能な場合は、噴霧注水により容器及び周囲を冷却する。この際、容器内に水が入らないように注意する。 |
| 人体への影響 | 吸入―鼻、のど、気管支等の粘膜を激しく刺激し、炎症、激しい咳、嘔吐を起こす。はなはだしい場合には肺水腫を起こし、呼吸困難になることがある。<br>皮膚―皮膚を刺激し炎症を起こす。火傷を起こすことがある。<br>眼――粘膜を激しく刺激し、炎症を起こす。はなはだしい場合には失明することがある。 |

| $LD_{50}$ | 120mg/kg(ラ) | $LC_{50}$ | 1,000ppm/4hr(ラ) | 許容濃度 | 0.05ppm (ACGIH注) |
|---|---|---|---|---|---|

| 用途 | クロロアセチル化剤、農薬の原料。<br>注：ACGIH (American Conference of Government Industrial Hygienists Inc：米国産業衛生専門家会議) |
|---|---|

| CAS No. | | 国連番号 | 1752 (等級 6.1) |
|---|---|---|---|

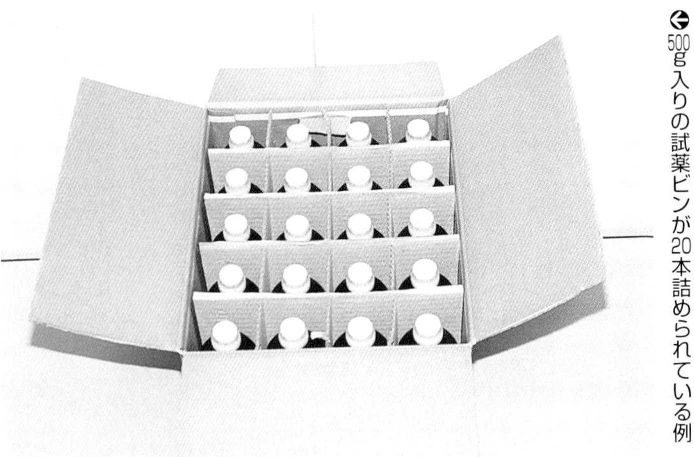

500g入りの試薬ビンが20本詰められている例

200ℓドラム缶に収納されている例

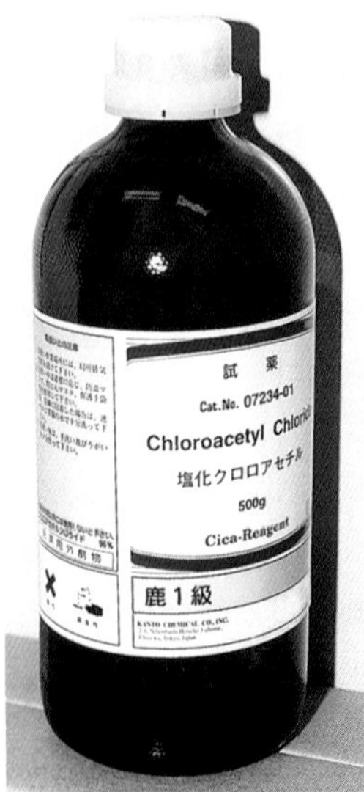


500g入り試薬ビンに収納されている例

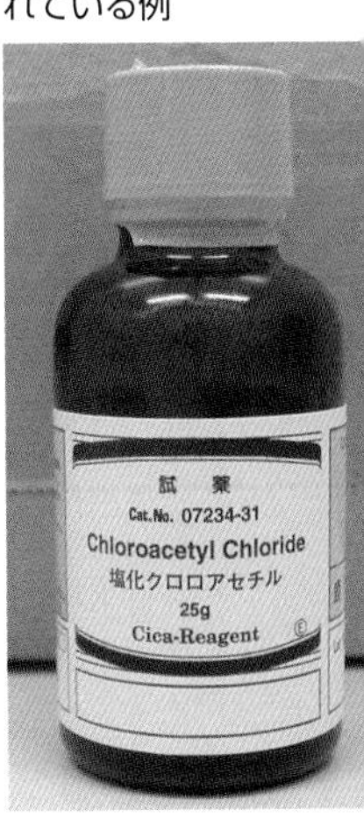


25g入りの試薬ビンに収納されている例

# 29 2－クロロニトロベンゼン

<table>
<tr><td rowspan="3">品名</td><td>別名</td><td colspan="6">0－クロロニトロベンゼン、0－ニトロクロロベンゼン、1－クロロ－2－ニトロベンゼン</td></tr>
<tr><td>英語名</td><td colspan="6">2-Chloronitrobenzene, o-Nitrochlorobenzene, 1-Chloro-2-nitrobenzene</td></tr>
<tr><td>化学式</td><td colspan="6">$C_6H_4ClNO_2$</td></tr>
<tr><td rowspan="2">性状</td><td>比重</td><td>蒸気比重</td><td>融点</td><td>沸点</td><td colspan="3" rowspan="2">淡黄色の結晶。<br>夏季は溶けて油状となる。<br>引火性(引火点 127℃)。</td></tr>
<tr><td>1.368 (22℃)</td><td>——</td><td>32.5℃</td><td>244.5℃</td></tr>
<tr><td colspan="3">毒物及び劇物取締法の適用</td><td colspan="2">劇　物</td><td colspan="2">含有製剤の消防法に基づく届出の要否</td><td>要</td></tr>
<tr><td>水の影響</td><td colspan="7">不溶。</td></tr>
<tr><td>火熱の影響</td><td colspan="7">加熱したり燃焼すると分解して有毒で腐食性のガス(窒素酸化物、塩素、塩化水素、ホスゲン)を生成する。<br>引火爆発に注意する。</td></tr>
<tr><td>漏えい時の措置</td><td colspan="7">飛散したものは容器にできるだけ回収し、そのあとを多量の水で洗い流す。洗い流す場合には中性洗剤等の分散剤を使用する。</td></tr>
<tr><td>火災時の措置</td><td colspan="7">(周辺火災の場合)<br>速やかに容器を安全な場所に移動する。移動不可能な場合は、噴霧注水により容器及び周囲を冷却する。<br>(着火した場合)<br>消火剤又は多量の水を用いて消火する。</td></tr>
<tr><td rowspan="2">人体への影響</td><td colspan="7">吸入—鼻、のど、気管支等の粘膜を刺激し、頭痛、吐き気等を起こす。はなはだしい場合には意識不明となり昏睡状態に陥る。<br>皮膚—皮膚を刺激し、炎症を起こすことがある。放置すると皮膚より吸収して中毒を起こすことがある。<br>眼　粘膜を刺激し、炎症を起こす。</td></tr>
<tr><td>$LD_{50}$</td><td>288mg／kg(ラ)</td><td>$LC_{50}$</td><td>——</td><td>許容濃度</td><td colspan="2">——</td></tr>
<tr><td>用途</td><td colspan="7">アゾ染料中間物。</td></tr>
<tr><td colspan="2">CAS No.</td><td colspan="2">88－73－3</td><td>国連番号</td><td colspan="3">1578 (等級 6.1)</td></tr>
</table>

⬆海上コンテナに収納されている例

# 30 クロロホルム

| 品名 | | |
|---|---|---|
| | 別名 | トリクロロメタン、三塩化メタン、塩化メチニル |
| | 英語名 | Chloroform, Trichloromethane |
| | 化学式 | $CHCl_3$ |

| 性状 | 比重 | 蒸気比重 | 融点 | 沸点 | |
|---|---|---|---|---|---|
| | 1.5(15℃) | 4.1 | −64℃ | 61℃ | 無色透明、エーテル臭の液体。強酸と混合するとホスゲンを生じる。不燃性。 |

| 毒物及び劇物取締法の適用 | 劇　物 | 含有製剤の消防法に基づく届出の要否 | 否 |
|---|---|---|---|

|  |  |
|---|---|
| 水の影響 | わずかに溶ける。 |
| 火熱の影響 | 加熱すると分解して有毒なホスゲンや塩化水素が発生する。 |
| 漏えい時の措置 | 漏えいした液は土砂等により拡大防止を図り、容器にできるだけ回収し、そのあとを多量の水で洗い流す。洗い流す場合には中性洗剤等の分散剤を使用する。この場合、濃厚な廃液が河川等に排出されないように注意する。 |
| 火災時の措置 | （周辺火災の場合）<br>速やかに容器を安全な場所へ移動する。移動不可能な場合は、噴霧注水により容器及び周囲を冷却する。 |
| 人体への影響 | 吸入—強い麻酔作用が現れ、めまい、頭痛、おう吐を起こす。はなはだしい場合には意識不明となる。<br>皮膚—皮膚を刺激し、皮膚からも吸収され、湿疹を生じたり、吸入と同様の中毒を起こす。<br>眼　　粘膜を刺激し、炎症を起こす。 |

| $LD_{50}$ | 36mg／kg（マ） | $LC_{50}$ | 75g／$m^3$／hr（ラ） | 許容濃度 | 10ppm |
|---|---|---|---|---|---|

| 用途 | フッ素系冷媒、医薬品、フッ素樹脂原料、溶剤。 |
|---|---|

| CAS No. | 67−66−3 | 国連番号 | 1888（等級 6.1） |
|---|---|---|---|

⬆200ℓ鋼製ドラムに約170ℓ（250kg）のクロロホルムが収納され、横積み保管されている例

⬆ガラスビン入りのものを収納したダンボール箱

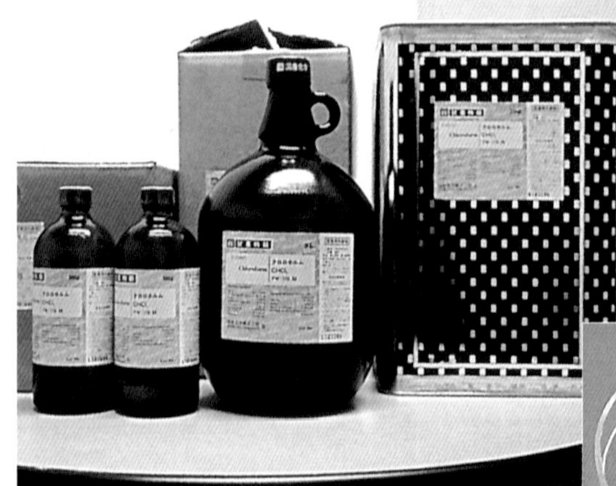

⬆500g、3ℓ、25kgのそれぞれの容器に収納されている例

⬇シャーレに取り出したクロロホルムそのものの姿

# 31 けい酸鉛

<table>
<tr><td rowspan="3">品名</td><td>別名</td><td colspan="6">モノシリケート鉛</td></tr>
<tr><td>英語名</td><td colspan="6">Lead Silicate, Lead Monosilicate</td></tr>
<tr><td>化学式</td><td colspan="6">$2PbSiO_3 \cdot nSiO_2$（工業薬品） $PbSiO_3$（試薬）</td></tr>
<tr><td rowspan="2">性状</td><td>比重</td><td>蒸気比重</td><td>融点</td><td>沸点</td><td colspan="3" rowspan="2">白色粉末(工業薬品)。<br>透明又は淡黄色結晶(試薬)。</td></tr>
<tr><td>6.5</td><td>——</td><td>680~730℃</td><td>——</td></tr>
<tr><td colspan="3">毒物及び劇物取締法の適用</td><td>劇物</td><td colspan="3">含有製剤の消防法に基づく届出の要否</td><td>否</td></tr>
<tr><td>水の影響</td><td colspan="7">不溶。</td></tr>
<tr><td>火熱の影響</td><td colspan="7">強熱すると有毒な酸化鉛(Ⅱ)の煙霧を発生する。</td></tr>
<tr><td>漏えい時の措置</td><td colspan="7">飛散したものは空容器にできるだけ回収し、そのあとを多量の水を用いて洗い流す。</td></tr>
<tr><td>火災時の措置</td><td colspan="7">(周辺火災の場合)<br>速やかに容器を安全な場所に移動する。移動不可能な場合は、噴霧注水にて容器及び周囲を冷却する。</td></tr>
<tr><td rowspan="2">人体への影響</td><td colspan="7">吸入—鉛中毒を起こす場合がある。<br>眼——異物感を与え、粘膜を刺激する。<br>皮膚—皮膚を刺激し、数時間後に皮膚炎となることがある。</td></tr>
<tr><td>$LD_{50}$</td><td>——</td><td>$LC_{50}$</td><td>——</td><td>許容濃度</td><td colspan="2">0.1mg／$m^3$<br>(Pbとして)</td></tr>
<tr><td>用途</td><td colspan="7">鉛ガラスの原料、釉薬(うわぐすり)の原料。<br>現在、鉛害防止等のためほとんど使用されていない。</td></tr>
<tr><td colspan="2">CAS No.</td><td colspan="2"></td><td>国連番号</td><td colspan="3"></td></tr>
</table>

⬆500g入り試薬ビンに収納されている例

➡ケイ酸鉛そのものの姿

# 32 けいふっ化カリウム

<table>
<tr><td rowspan="3">品名</td><td>別名</td><td colspan="6">ヘキサフルオロケイ酸カリウム、フッ化ケイ素酸カリウム、フルオロケイ酸カリウム</td></tr>
<tr><td>英語名</td><td colspan="6">Potassium Silicofluoride, Potassium Hexafluorosilicate , Potassium Fluorosilicate</td></tr>
<tr><td>化学式</td><td colspan="6">$K_2SiF_6$</td></tr>
<tr><td rowspan="2">性状</td><td>比重</td><td>蒸気比重</td><td>融点</td><td>沸点</td><td colspan="3" rowspan="2">白色粉末。</td></tr>
<tr><td>2.27</td><td>——</td><td>410℃(分解)</td><td>——</td></tr>
<tr><td colspan="3">毒物及び劇物取締法の適用</td><td colspan="2">劇　物</td><td colspan="2">含有製剤の消防法に基づく届出の要否</td><td>要</td></tr>
<tr><td>水の影響</td><td colspan="7">溶けにくい。</td></tr>
<tr><td>火熱の影響</td><td colspan="7">加熱すると有害な四フッ化ケイ素ガスが発生する。</td></tr>
<tr><td>漏えい時の措置</td><td colspan="7">飛散したものは容器にできるだけ回収し、そのあとを多量の水で洗い流す。この場合、濃厚な廃液が河川等に排出されないように注意する。</td></tr>
<tr><td>火災時の措置</td><td colspan="7">(周辺火災の場合)<br>速やかに容器を安全な場所に移動する。移動不可能な場合は、噴霧注水により容器及び周囲を冷却する。</td></tr>
<tr><td rowspan="2">人体への影響</td><td colspan="7">吸入—はなはだしい場合には鼻、のど、気管支、肺等の粘膜を刺激し、炎症を起こすことがある。<br>眼——粘膜を刺激し、炎症を起こす。失明することがある。</td></tr>
<tr><td>$LD_{50}$</td><td>500mg／kg(モ)</td><td>$LC_{50}$</td><td colspan="2">——</td><td>許容濃度</td><td>2.5mg／m³<br>(Fとして)</td></tr>
<tr><td>用途</td><td colspan="7">農薬、光学用レンズ、合成雲母の原料、クロムメッキ。</td></tr>
<tr><td colspan="2">CAS No.</td><td colspan="2">16871－90－2</td><td>国連番号</td><td colspan="3">2655（等級 6.1）</td></tr>
</table>

➡倉庫にクラフト紙袋で貯蔵されている例

⬆25kg 入りクラフト紙袋に収納されている例

⬇試料用ビン入りとケイフッ化カリウムそのものの姿

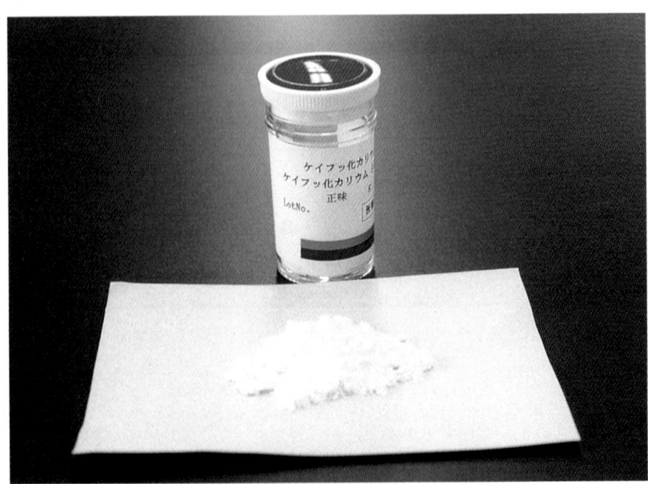

# 33 けいふっ化水素酸

| | | | | | | | |
|---|---|---|---|---|---|---|---|
| 品名 | 別名 | フッ化ケイ素酸、ヘキサフルオロケイ酸、ケイフッ酸 | | | | | |
| | 英語名 | Hexafluorosilicic Acid, Hydrosilicofluoric Acid, Fluorosilicic Acid | | | | | |
| | 化学式 | $H_2SiF_6$ | | | | | |
| 性状 | 比重 | 蒸気比重 | 融点 | 沸点 | 無色透明の刺激臭を有する発煙性の液体。不燃性。 | | |
| | 1.3 | —— | —— | 109℃ | | | |
| 毒物及び劇物取締法の適用 | | 劇物 | | 含有製剤の消防法に基づく届出の要否 | | 要 | |
| 水の影響 | 容易に溶け、強酸性で腐食性が強く、鉛、銅、ガラスも侵す。 | | | | | | |
| 火熱の影響 | 加熱すると分解して有毒なフッ化水素、フッ化ケイ素を発生する。 | | | | | | |
| 漏えい時の措置 | 漏えいした液は、土砂等に吸収させて取り除く。又は水で徐々に希釈し、消石灰、ソーダ灰等の水溶液を用いて処理した後、多量の水で洗い流す。この場合、濃厚な廃液が河川等に排出されないように注意する。 | | | | | | |
| 火災時の措置 | (周辺火災の場合)<br>速やかに容器を安全な場所へ移動する。移動不可能な場合は、容器の破損防止に留意し、噴霧注水により容器及び周囲を冷却する。 | | | | | | |
| 人体への影響 | 吸入—鼻、のど、気管支、肺などが激しく侵される。はなはだしい場合には肺水腫、呼吸困難を起こす。<br>皮膚—皮膚の内部まで浸透腐食する。<br>眼——粘膜が侵され失明する場合もある。 | | | | | | |
| | $LD_{50}$ | 24.4mg／kg(マ) | $LC_{50}$ | —— | 許容濃度 | 2.5mg／$m^3$ (Fとして) | |
| 用途 | 土壌硬化剤、鉛の電解製錬浴剤、鉛メッキ浴剤、金属表面処理剤。 | | | | | | |
| CAS No. | 16961－83－4 | | 国連番号 | 1778（等級８） | | | |

⬆ポリ容器入りの状態で、パレットの上に積み、貯蔵されている例

⬇↘ポリエチレン製ビンに収納されている例
ガラスビンは侵されることから使用されない。

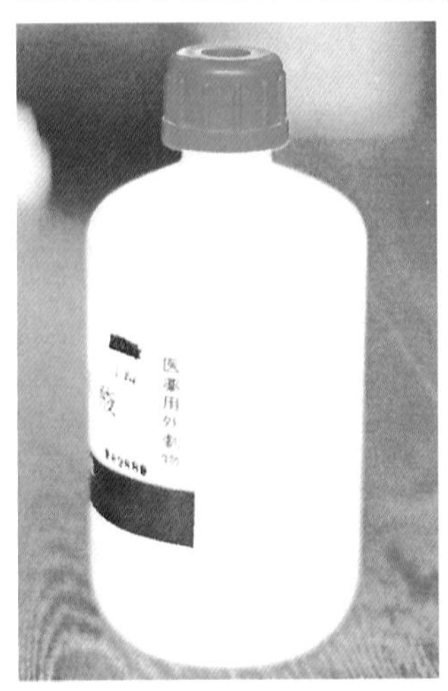

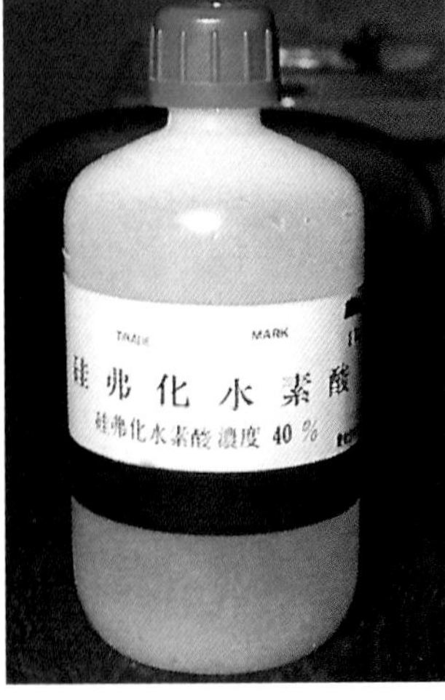

# 34 けいふっ化ナトリウム

| | | | | | | | |
|---|---|---|---|---|---|---|---|
| 品名 | 別名 | ケイフッ化ソーダ、ヘキサフルオロケイ酸ナトリウム | | | | | |
| | 英語名 | Sodium Silicofluoride, Sodium Fluorosilicate, Sodium Hexafluorosilicate | | | | | |
| | 化学式 | $NaSiF_6$ | | | | | |
| 性状 | 比重 | 蒸気比重 | 融点 | 沸点 | 無色の結晶(通常は白色粉末)。 | | |
| | 2.68 | —— | 485℃(分解) | —— | | | |
| 毒物及び劇物取締法の適用 | | 劇物 | | 含有製剤の消防法に基づく届出の要否 | | 要 | |
| 水の影響 | 溶けにくい。 | | | | | | |
| 火熱の影響 | 加熱すると有害な四フッ化ケイ素ガスが発生する。 | | | | | | |
| 漏えい時の措置 | 飛散したものは容器にできるだけ回収し、そのあとを多量の水で洗い流す。この場合、濃厚な廃液が河川等に排出されないように注意する。 | | | | | | |
| 火災時の措置 | (周辺火災の場合)<br>速やかに容器を安全な場所に移動する。移動不可能な場合は、噴霧注水により容器及び周囲を冷却する。 | | | | | | |
| 人体への影響 | 吸入—はなはだしい場合には鼻、のど、気管支、肺等の粘膜を刺激し、炎症を起こすことがある。<br>眼——異物感を与え、粘膜を刺激する。 | | | | | | |
| | $LD_{50}$ | 125mg/kg(ラ) | $LC_{50}$ | —— | 許容濃度 | 2.5mg/$m^3$ (Fとして) | |
| 用途 | ガラスの乳濁剤、農薬用殺虫剤、フッ化ソーダの原料、防腐剤。 | | | | | | |
| CAS No. | 16893-85-9 | | 国連番号 | 2674(等級6.1) | | | |

➡倉庫にクラフト紙袋で貯蔵されている例

⬅25kg入りクラフト紙袋に収納されている例

# 35 けいふっ化マグネシウム

| 品名 | 別名 | ヘキサフルオロケイ酸マグネシウム | | | | |
|---|---|---|---|---|---|---|
| | 英語名 | Magnesium Silicofluoride, Magnesium Hexafluosilicate, Magnesium Fluosilicate | | | | |
| | 化学式 | $MgSiF_6 \cdot 6H_2O$ | | | | |
| 性状 | 比重 | 蒸気比重 | 融点 | 沸点 | 一般的には六水和物で白色結晶。 | |
| | 1.788 | —— | 120℃(分解) | —— | | |
| 毒物及び劇物取締法の適用 | | 劇物 | | 含有製剤の消防法に基づく届出の要否 | | 要 |
| 水の影響 | 溶けやすい。 | | | | | |
| 火熱の影響 | 加熱すると有害な酸化マグネシウムの煙霧、及び四フッ化ケイ素ガスが発生する。 | | | | | |
| 漏えい時の措置 | 飛散したものは容器にできるだけ回収し、そのあとを消石灰等の水溶液を用いて処理した後、多量の水で洗い流す。この場合、濃厚な廃液が河川等に排出されないように注意する。 | | | | | |
| 火災時の措置 | (周辺火災の場合)<br>速やかに容器を安全な場所に移動する。移動不可能な場合は、噴霧注水により容器及び周囲を冷却する。 | | | | | |
| 人体への影響 | 吸入—鼻、のど、気管支、肺等の粘膜を刺激し、炎症を起こすことがある。<br>皮膚—刺激作用があり、炎症を起こすことがある。<br>眼——粘膜を刺激し、炎症を起こす。失明することがある。 | | | | | |
| | $LD_{50}$ | 200mg/kg(モ) | $LC_{50}$ | —— | 許容濃度 | 2.5mg/$m^3$ |
| 用途 | コンクリート増強剤、コンクリート緩硬剤、ゴム乳の凝固剤、防腐剤。 | | | | | |
| CAS No. | 16949-65-8 | | 国連番号 | 2853(等級6.1) | | |

➔倉庫にクラフト紙袋で貯蔵されている例

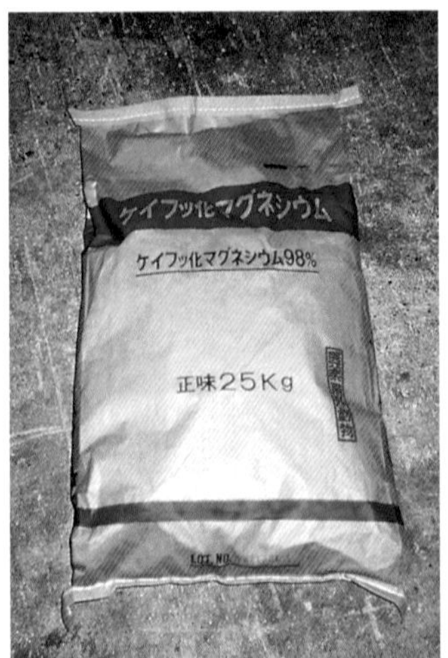


➔25kg入りクラフト紙袋に収納されている例

➔試料用ビン入りとケイフッ化マグネシウムそのものの姿

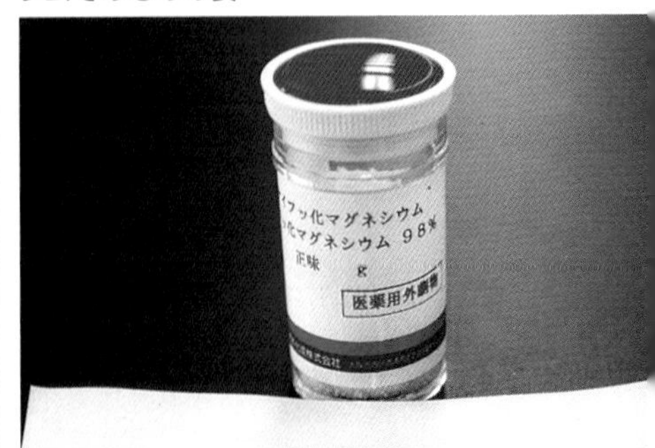

# 36 五塩化アンチモン

|  | | |
|---|---|---|
| 品名 | 別名 | 五塩化アンチモニィー、塩化アンチモン(V)、塩化第二アンチモン |
| | 英語名 | Antimony Pentachloride, Antimony Chloride |
| | 化学式 | $SbCl_5$ |

| 性状 | 比重 | 蒸気比重 | 融点 | 沸点 | |
|---|---|---|---|---|---|
| | 2.3(20℃) | ―― | 2.8℃ | 79℃ | 無色又は黄色の発煙性液体。 |

| 毒物及び劇物取締法の適用 | 劇物 | 含有製剤の消防法に基づく届出の要否 | 要 |
|---|---|---|---|

|  |  |
|---|---|
| 水の影響 | 激しく反応し、腐食性の強いアンチモン酸、塩酸を生じる。<br>水分の存在下では、大部分の金属を強く腐食する。 |
| 火熱の影響 | 加熱すると分解して塩素ガスを発生し、三塩化アンチモンとなる。 |
| 漏えい時の措置 | 漏えいした液は土砂等により拡大防止を図り、容器にできるだけ回収し、そのあとを消石灰、ソーダ灰等の水溶液を用いて処理した後、多量の水で洗い流す。この場合、濃厚な廃液が河川等に排出されないように注意する。 |
| 火災時の措置 | (周辺火災の場合)<br>速やかに容器を安全な場所へ移動する。移動不可能な場合は、噴霧注水により周囲を冷却する。この場合、容器に水が入らないように注意する。 |
| 人体への影響 | 吸入―鼻、のど、気管支等の粘膜が侵され、肺水腫を起こすことがある。<br>皮膚―激しい痛みを生じ、炎症を起こす。<br>眼 ――粘膜が侵され失明することがある。 |

| $LD_{50}$ | 1,115mg／kg(ラ) | $LC_{50}$ | 620mg／m³(マ) | 許容濃度 | 0.1mg／m³(Sbとして) |
|---|---|---|---|---|---|

| 用途 | フレオンガス製造触媒、塩素化触媒。 |
|---|---|

| CAS No. | 7647－18－9 | 国連番号 | 1730(等級8) |
|---|---|---|---|

➡ビンの口からの漏れを防ぐため、口をアンプル状に封じたもの。
写真左側のポリエチレン製容器はアンプル状のビンを収納する保護サックである。

⬇500g入りガラスビンに収納された黄色の五塩化アンチモン

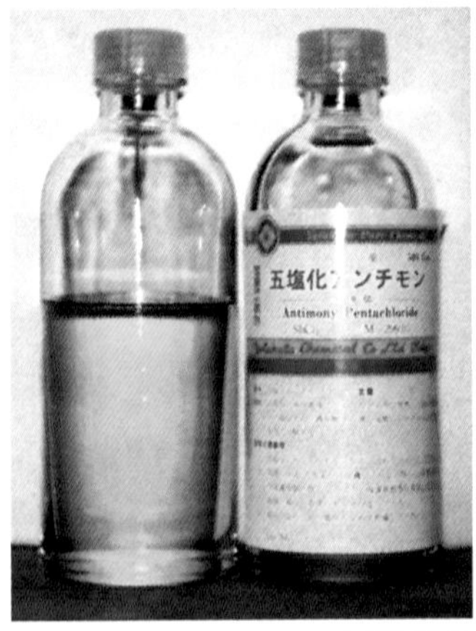

⬇ビン入りの状態で金属筒の中に入れ、動かないようにすきまに発泡スチロールをつめて保管する。

# ☠ 37 五塩化りん

| | | |
|---|---|---|
| 品名 | 別名 | 塩化第二リン |
| | 英語名 | Phosphorus Pentachloride, Phosphoric Chloride, Phosphorus Perchloride |
| | 化学式 | $PCl_5$ |

| 性状 | 比重 | 蒸気比重 | 融点 | 沸点 | 淡黄色の不快な刺激臭のある結晶。<br>不燃性、潮解性。<br>昇華性(162℃)。 |
|---|---|---|---|---|---|
| | 2.11 | 7.2 | 148℃(加圧) | 160℃ | |

| 毒物及び劇物取締法の適用 | 毒物 | 含有製剤の消防法に基づく届出の要否 | 要 |
|---|---|---|---|

| | |
|---|---|
| 水の影響 | 水と反応して有毒な塩化水素のガスとリン酸を生成する。<br>空気中の湿気により、有毒な塩化水素のガスを発生し、発煙する。<br>水溶液は、強酸で塩基と激しく反応し、腐食性を示す。 |
| 火熱の影響 | 加熱すると固体から気体へ直接変化する。分解して有毒で腐食性の塩素及び三塩化リンを生じる。<br>強酸化剤で、木材、綿花及びわら等の有機物と接触すると、火災をおこすおそれがある。 |
| 漏えい時の措置 | 飛散したものは、密閉可能な容器にできるだけ回収し、そのあとを水酸化カルシウム、無水炭酸ナトリウム等の水溶液を用いて処理した後、多量の水で洗い流す。この場合、濃厚な廃液が河川等に排出されないように注意する。 |
| 火災時の措置 | (周辺火災の場合)<br>速やかに容器を安全な場所に移動する。移動不可能な場合は、噴霧注水により容器及び周囲を冷却する。 |
| 人体への影響 | 吸入—鼻、のど、気管支等の粘膜を刺激し、炎症を起こす。はなはだしい場合には肺水種、呼吸困難を起こす。<br>皮膚—皮膚を激しく刺激し、炎症を起こす。<br>眼——粘膜を激しく刺激し、炎症を起こす。 |

| $LD_{50}$ | 660mg/kg(ラ) | $LC_{50}$ | 205mg/$m^3$(ラ) | 許容濃度 | 0.1 ppm |
|---|---|---|---|---|---|

| | |
|---|---|
| 用途 | 特殊材料ガス。<br>医薬の製造、各種塩化物の製造。 |

| CAS No. | 10026－13－8 | 国連番号 | 1806 (等級8) |
|---|---|---|---|

➡20kg入りポリエチレン缶に収納されている例

［ラベル１］

ポリ缶表示ラベル

LOT NO. 90201140

五塩化燐

| 医薬用外毒物 | |
|---|---|
| 成分 | 五塩化燐 |
| 含量 | 98% |

水濡注意

NET 20kg

○○○○株式会社

毒性　腐食性　危険　混合禁止　接触禁止　防毒マスク着用　保護メガネ着用　保護手袋着用

【危険有害性情報】
① 呼吸器，皮膚や眼を強く刺激し，組織を破壊する恐れがあります。
② 水と接触又は混合すると爆発的に反応し，塩化水素ガスを発生する。
③ 飲み込めば有害です。誤飲しないよう特に注意が必要である。

【禁止事項】
① 眼，皮膚，衣類等に付着させない。
② 蒸気，ミスト等を吸入しない。
③ 塩基性物質，水等と同じ場所に保管しない。
④ 容器は窒素封入後，密閉して冷暗所に保管して下さい。

【防護対策】
① 取扱いに際し，防毒マスク，保護メガネ，保護手袋等を着用する。
② 蒸気，ミスト等が発生する場所には，適切な局所排気設備を設置する。

【応急処置】
① 皮膚と接触した場合は，直ちに水又は石鹸水で十分に洗浄する。
② 眼と接触した場合は，直ちに流水で15分以上洗浄し，医師の診察を受けること。
③ 吸入した場合は，直ちに新鮮な空気の場所に移し，呼吸困難な場合は酸素吸入等を行い，医師の診察を受けること。
④ 飲み込んだ場合は，口の中を洗浄し，直ちに医療処置を受けて下さい。
⑤ 被災者の意識が無い場合には，口から何も与えず，無理に吐かせない。

【火災時】
① 消火には水を用いない。粉末消火器・炭酸ガス消火器を用いて下さい。

ご使用前に必ず製品安全データシート（MSDS）をお読み下さい。

【緊急連絡先】
○○○○株式会社　○○工場　TEL ○○○-○○○-○○○○
○○県○○郡○○町１号地１番１号

⬆ポリエチレン缶に表示されているラベル

⬅五塩化リンそのものの姿

# 38 五酸化バナジウム

<table>
<tr><td rowspan="3">品名</td><td>別名</td><td colspan="6">酸化バナジウム(V)、五酸化二バナジウム、五二酸化バナジウム、バナジウムペンタオキサイド</td></tr>
<tr><td>英語名</td><td colspan="6">Vanadium Pentaoxide, Vanadium(V) Oxide, Divanadium Pentaoxide</td></tr>
<tr><td>化学式</td><td colspan="6">$V_2O_5$</td></tr>
<tr><td rowspan="2">性状</td><td>比重</td><td>蒸気比重</td><td>融点</td><td>沸点</td><td colspan="3" rowspan="2">黒紫フレーク及び黄赤色結晶(斜方晶系)。</td></tr>
<tr><td>3.357</td><td>——</td><td>690℃</td><td>1,750℃</td></tr>
<tr><td colspan="3">毒物及び劇物取締法の適用</td><td>劇物</td><td colspan="2">含有製剤の消防法に基づく届出の要否</td><td colspan="2">要(固形化したもの及び10%以下を除く。)</td></tr>
<tr><td>水の影響</td><td colspan="7">微溶。</td></tr>
<tr><td>火熱の影響</td><td colspan="7">1,750℃で分解し、有害な酸化バナジウム(Ⅲ)になる。<br>引火性なし。</td></tr>
<tr><td>漏えい時の措置</td><td colspan="7">漏れたものは土砂又は消石灰等で覆い、密閉可能な容器に回収する。</td></tr>
<tr><td>火災時の措置</td><td colspan="7">(周辺火災の場合)<br>速やかに容器を安全な場所に移動する。移動不可能な場合は、噴霧注水により容器及び周囲を冷却する。</td></tr>
<tr><td rowspan="2">人体への影響</td><td colspan="7">吸入—鼻、のどの粘膜を激しく刺激し、炎症を起こす。はなはだしい場合にはおう吐、肺水腫、呼吸困難を起こす。<br>眼——粘膜を刺激し、炎症を起こす。</td></tr>
<tr><td>$LD_{50}$</td><td>23mg/kg(マ)</td><td>$LC_{50}$</td><td>——</td><td>許容濃度</td><td colspan="2">0.1mg/m$^3$</td></tr>
<tr><td>用途</td><td colspan="7">触媒、金属材料添加剤。</td></tr>
<tr><td colspan="2">CAS No.</td><td colspan="2">1314−62−1</td><td>国連番号</td><td colspan="3">2862(等級 6.1)</td></tr>
</table>

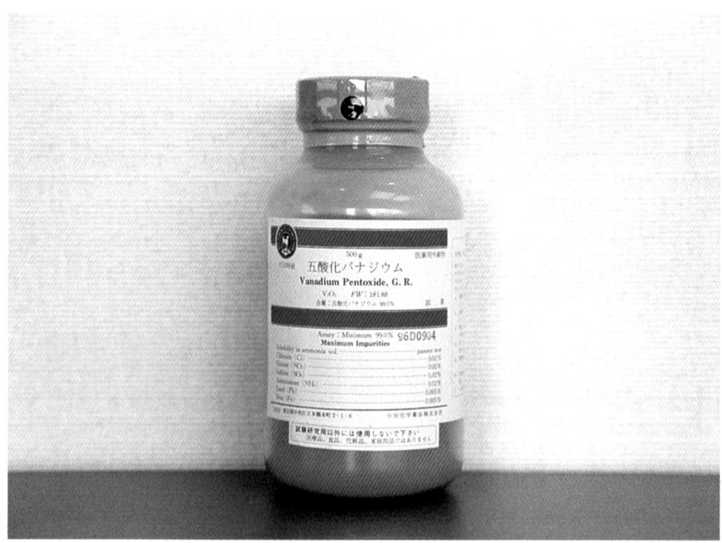


⬆⬇500g入り試薬ビンに収納されている例

# 39 酢酸亜鉛

<table>
<tr><td rowspan="3">品名</td><td>別名</td><td colspan="6">———</td></tr>
<tr><td>英語名</td><td colspan="6">Zinc Acetate</td></tr>
<tr><td>化学式</td><td colspan="6">$Zn(CH_3COO)_2 \cdot 2H_2O$</td></tr>
<tr><td rowspan="2">性状</td><td>比重</td><td>蒸気比重</td><td>融点</td><td>沸点</td><td colspan="3" rowspan="2">一般的には二水和物で白色の結晶又は結晶性粉末。100℃で無水物になる。</td></tr>
<tr><td>1.735</td><td>——</td><td>237℃(分解)</td><td>——</td></tr>
<tr><td colspan="2">毒物及び劇物取締法の適用</td><td colspan="2">劇物</td><td colspan="3">含有製剤の消防法に基づく届出の要否</td><td>否</td></tr>
<tr><td>水の影響</td><td colspan="7">溶けやすい。</td></tr>
<tr><td>火熱の影響</td><td colspan="7">燃焼すると酸化亜鉛の煙霧及びガスが発生する。煙霧は亜鉛熱を起こし、煙霧及びガスは有害なので注意する。</td></tr>
<tr><td>漏えい時の措置</td><td colspan="7">飛散したものは容器にできるだけ回収し、そのあとを消石灰、ソーダ灰等の水溶液を用いて処理した後、多量の水で洗い流す。この場合、濃厚な廃液が河川等に排出されないように注意する。</td></tr>
<tr><td>火災時の措置</td><td colspan="7">(周辺火災の場合)<br>速やかに容器を安全な場所に移動する。移動不可能な場合は、噴霧注水により容器及び周囲を冷却する。<br>(着火した場合)<br>多量の水を用いて消火する。</td></tr>
<tr><td rowspan="2">人体への影響</td><td colspan="7">吸入―鼻、のど、気管、気管支等の粘膜が侵される。<br>皮膚―皮膚を刺激し、炎症を起こすことがある。<br>眼――粘膜が侵され、炎症を起こす。</td></tr>
<tr><td>$LD_{50}$</td><td>2,170mg／kg(ラ)</td><td>$LC_{50}$</td><td colspan="2">———</td><td>許容濃度</td><td>———</td></tr>
<tr><td>用途</td><td colspan="7">有機合成触媒、染色助剤。</td></tr>
<tr><td colspan="2">CAS No.</td><td colspan="2"></td><td colspan="2">国連番号</td><td colspan="2"></td></tr>
</table>

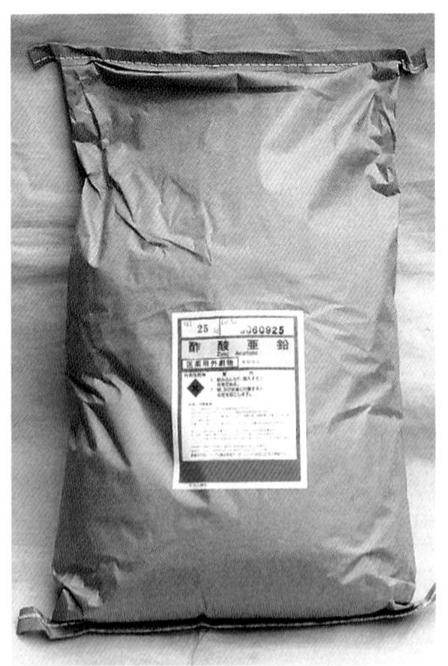


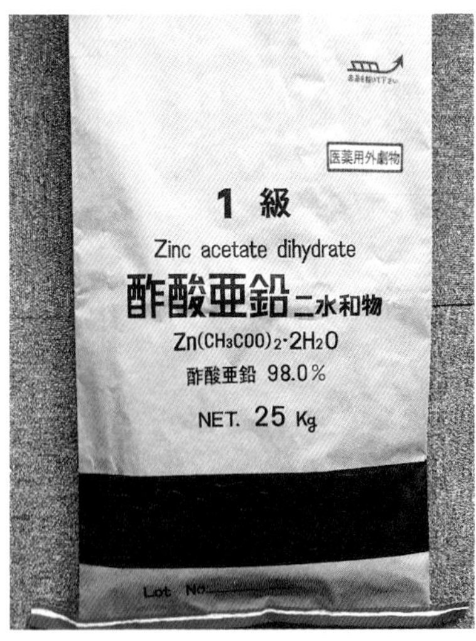


⬆↗25kg入りクラフト紙袋に収納されている例

⬇↘試料用ガラスビンに収納されている例

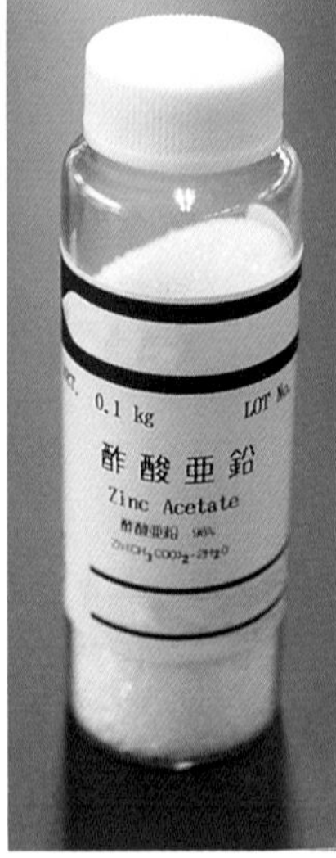


⬇500g入り試薬ビンに収納されている酢酸亜鉛(二水和物)の例

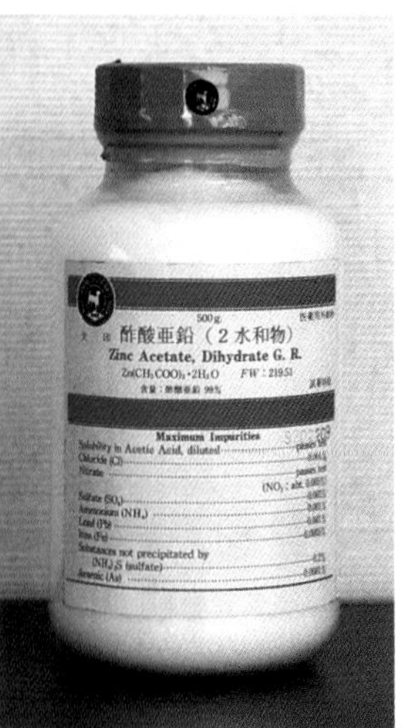

# 40　酢酸鉛

<table>
<tr><td rowspan="3">品名</td><td>別名</td><td colspan="6">鉛糖</td></tr>
<tr><td>英語名</td><td colspan="6">Lead Acetate, Suger of Lead, Normal Lead Acetate, Salt of Saturn, Lead Acetate Trihydrate</td></tr>
<tr><td>化学式</td><td colspan="6">$Pb(CH_3COO)_2 \cdot 3H_2O$</td></tr>
<tr><td rowspan="2">性状</td><td>比重</td><td>蒸気比重</td><td>融点</td><td>沸点</td><td colspan="3" rowspan="2">一般的には三水和物で無色透明の結晶(単斜晶系)。酢酸の臭気を持ち、空気中でしだいに風化して白色となる。75℃で無水物になる。200℃で分解する。</td></tr>
<tr><td>2.55</td><td>——</td><td>75℃</td><td>220℃</td></tr>
<tr><td colspan="3">毒物及び劇物取締法の適用</td><td>劇　物</td><td colspan="3">含有製剤の消防法に基づく届出の要否</td><td>否</td></tr>
<tr><td>水の影響</td><td colspan="7">可溶。<br>水溶液は有毒である。</td></tr>
<tr><td>火熱の影響</td><td colspan="7">加熱すると有毒な酸化鉛(Ⅱ)の煙霧及びガスを発生する。</td></tr>
<tr><td>漏えい時の措置</td><td colspan="7">飛散したものは容器にできるだけ回収し、そのあとを消石灰、ソーダ灰等の水溶液で処理し、多量の水を用いて洗い流す。この場合、濃厚な廃液が河川等に排出されないように注意する。</td></tr>
<tr><td>火災時の措置</td><td colspan="7">(周辺火災の場合)<br>速やかに容器を安全な場所に移動する。移動不可能な場合は、噴霧注水により容器及び周囲を冷却する。</td></tr>
<tr><td rowspan="2">人体への影響</td><td colspan="7">吸入—鉛中毒を起こすことがある。<br>皮膚—刺激作用がある。<br>眼——粘膜を激しく刺激する。</td></tr>
<tr><td>$LD_{50}$</td><td>200mg／kg(ラ)</td><td>$LC_{50}$</td><td colspan="2">——</td><td>許容濃度</td><td>0.1mg／$m^3$<br>(Pbとして)</td></tr>
<tr><td>用途</td><td colspan="7">合成染料、防水剤、懐炉灰顔料、鉛塩類の製造原料、医薬品の原料。</td></tr>
<tr><td colspan="2">CAS No.</td><td colspan="2">301－04－2</td><td colspan="2">国連番号</td><td colspan="2">1616 (等級 6.1)</td></tr>
</table>

➡倉庫に貯蔵されている例

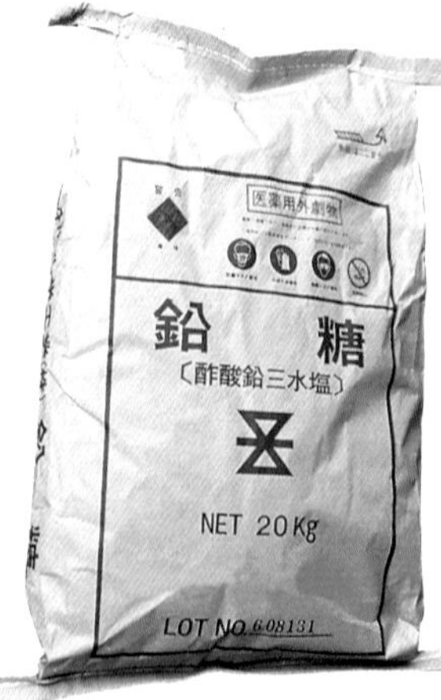


⬅20kg入りクラフト紙袋に収納されている例

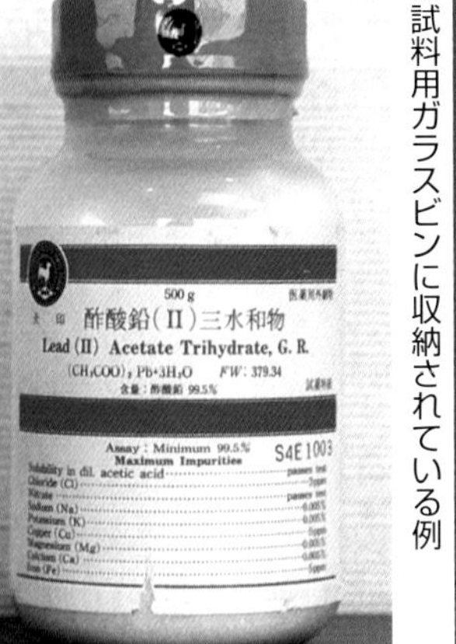


➡500g入り試薬ビンに収納されている例

➡試料用ガラスビンに収納されている例

# 41 三塩化アルミニウム

| 品名 | 別名 | 塩化アルミニウム（Ⅲ）（無水） | | | |
|---|---|---|---|---|---|
| | 英語名 | Aluminum Trichloride | | | |
| | 化学式 | $AlCl_3$ | | | |
| 性状 | 比重 | 蒸気比重 | 融点 | 沸点 | 白色～淡黄色の不燃性固体(粒又は粉末)。吸湿性、潮解性を有する。昇華性(180℃)。 |
| | 2.41～2.44 | —— | 170.9～192℃ | 180℃ | |

| 毒物及び劇物取締法の適用 | 劇　物 | 含有製剤の消防法に基づく届出の要否 | 要 |
|---|---|---|---|

|  |  |
|---|---|
| 水の影響 | 水と接触すると激しく反応し、塩化水素と水酸化アルミニウムを生じ、水溶液は強酸性を示す。また、同時に発熱も伴う。<br>湿気を含む空気中では加水分解して、白煙を発する。 |
| 火熱の影響 | 火災や加熱によって、刺激性、毒性又は腐食性のガスを発生するおそれがある。 |
| 漏えい時の措置 | 近傍での全ての着火源(熱、高温のもの、火花、裸火など)を取り除く。禁煙。<br>プラスチックシート等で覆いをし、粉じんの拡散を防ぐ。<br>漏れ出した物質の下水、排水溝、低地への流出を防止する。<br>呼吸用保護具、保護手袋及び保護衣を着装して漏えい物を集めて、密閉できる容器に回収する。 |
| 火災時の措置 | 二酸化炭素、粉末消火剤、乾燥砂、水噴霧等により消火する。<br>棒状放水は避ける。<br>周辺火災の場合、危険でなければ火災区域から容器を移動する。 |
| 人体への影響 | 吸入—灼熱感、咳、息苦しさ、息切れ、咽頭痛を起こす。<br>経口—腹痛、灼熱感、ショック／虚脱を起こす。<br>皮膚—重篤な皮膚の薬傷を起こす。<br>眼——重篤な眼の損傷(角膜熱傷のおそれ)を起こす。 |

| $LD_{50}$ | 370 mg／kg（ラ） | $LC_{50}$ | —— | 許容濃度 | 2 mg／m³（Alとして） |
|---|---|---|---|---|---|

| 用途 | フリーデル・クラフツ反応、石油クラッキングの酸触媒、重合触媒、異性化触媒。 |
|---|---|

| CAS No. | 7446 － 70 － 0 | 国連番号 | 1726（等級８） |
|---|---|---|---|

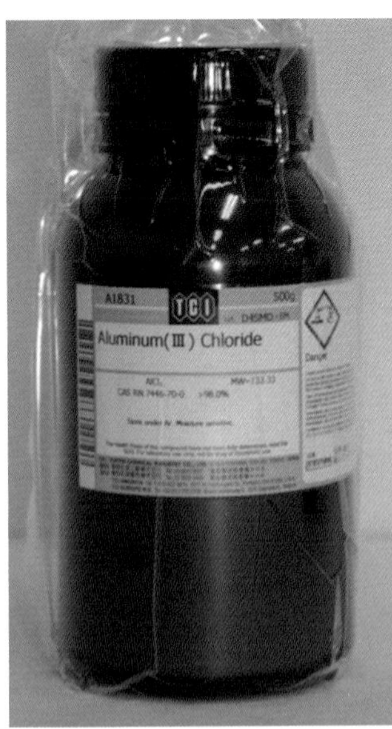


⬅ガラスビンに収納されている例

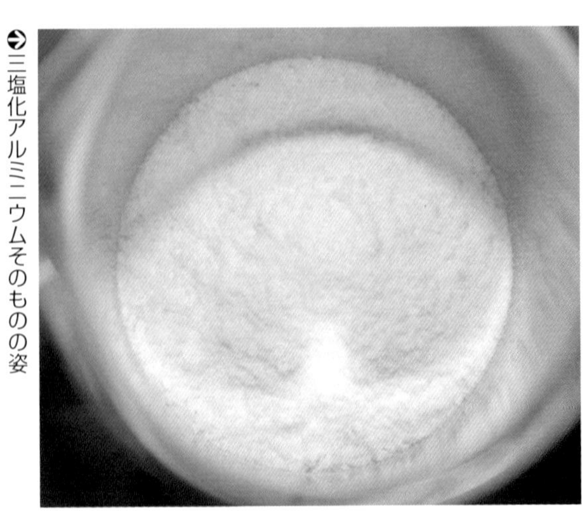

➡三塩化アルミニウムそのものの姿

出典：消防庁ホームページ　火災危険性を有するおそれのある物質等に関する調査検討報告書（令和２年３月）火災危険性を有するおそれのある物質等に関する調査検討会（https://www.fdma.go.jp/singi_kento/kento/items/post-39/03/houkokusyo.pdf）

# ☠ 42 三塩化ひ素

<table>
<tr><td rowspan="3">品名</td><td>別名</td><td colspan="6">塩化第一ヒ素</td></tr>
<tr><td>英語名</td><td colspan="6">Arsenic Trichloride</td></tr>
<tr><td>化学式</td><td colspan="6">$AsCl_3$</td></tr>
<tr><td rowspan="2">性状</td><td>比重</td><td>蒸気比重</td><td>融点</td><td>沸点</td><td colspan="3" rowspan="2">無色の油状液体。</td></tr>
<tr><td>2.15(25℃)</td><td>6.29</td><td>−16℃</td><td>130℃</td></tr>
<tr><td colspan="2">毒物及び劇物取締法の適用</td><td>毒物</td><td colspan="3">含有製剤の消防法に基づく届出の要否</td><td colspan="2">要</td></tr>
<tr><td>水の影響</td><td colspan="7">水で加水分解し、塩化水素と水酸化ヒ素を生成する。<br>大量の水と反応し、塩化水素と三酸化ヒ素を生成する。</td></tr>
<tr><td>火熱の影響</td><td colspan="7">強熱されると有毒な酸化ヒ素(Ⅲ)の煙霧及び塩化水素ガスを発生する。三塩化ヒ素及び酸化ヒ素(Ⅲ)は、少量の吸入であっても強い溶血作用があるので注意する。</td></tr>
<tr><td>漏えい時の措置</td><td colspan="7">漏えいした液は土砂等でその流れを止め、安全な場所に導き、空容器にできるだけ回収し、そのあとを硫酸第二鉄等の水溶液を散布し、消石灰、ソーダ灰等の水溶液を用いて処理した後、多量の水を用いて洗い流す。この場合、濃厚な廃液が河川等に排出されないよう注意する。</td></tr>
<tr><td>火災時の措置</td><td colspan="7">(周辺火災の場合)<br>速やかに容器を安全な場所に移動する。移動不可能な場合は、噴霧注水により、容器及び周囲を冷却する。</td></tr>
<tr><td rowspan="2">人体への影響</td><td colspan="7">吸入—鼻、のど、気管支等の粘膜を刺激し、頭痛、めまい、悪心、チアノーゼを起こす。はなはだしい場合には血色素尿を排泄し、肺浮腫を起こし、呼吸困難を起こす。<br>皮膚—しばらく後に、接触部に湿疹、炎症又は潰瘍を起こす。<br>眼　粘膜を刺激し、結膜炎を起こす。</td></tr>
<tr><td>$LD_{50}$</td><td>———</td><td>$LC_{50}$</td><td>———</td><td>許容濃度</td><td colspan="2">0.5mg／$m^3$<br>(Asとして)</td></tr>
<tr><td>用途</td><td colspan="7">特殊材料ガス。</td></tr>
<tr><td colspan="2">CAS No.</td><td colspan="2"></td><td>国連番号</td><td colspan="3">1560（等級 6.1）</td></tr>
</table>

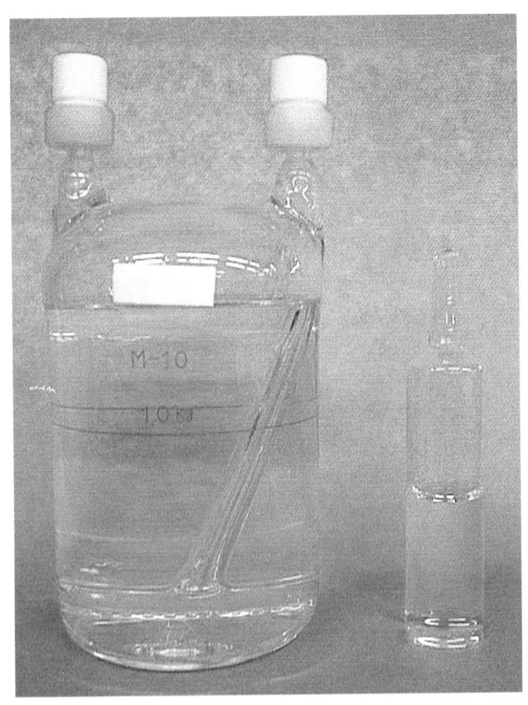


🅘三塩化ヒ素そのものの姿
（荷姿としてはアンプルに収納されている。）

# ☠ 43 三塩化ほう素

| 品名 | 別名 | 塩化ホウ素 | | | |
|---|---|---|---|---|---|
| | 英語名 | Boron Trichloride | | | |
| | 化学式 | $BCl_3$ | | | |
| 性状 | 比重 | 蒸気比重 | 融点 | 沸点 | 無色の刺激臭(干草のような臭い)のある気体。不燃性。腐食性が強い。 |
| | 1.43(0℃) | 4.07 | −107℃ | 12.5℃ | |
| 毒物及び劇物取締法の適用 | 毒物 | 含有製剤の消防法に基づく届出の要否 | 要 | | |
| 水の影響 | 水により加水分解し、有毒な塩化水素のガスとホウ酸を生成する。水分の存在下においては、大部分の金属を強く腐食する。 | | | | |
| 火熱の影響 | 容器が火災に包まれる場合には、爆発・破裂の危険がある。 | | | | |
| 漏えい時の措置 | 漏えいしたボンベ等を多量の水酸化ナトリウム水溶液中に漏えい部分、又は容器ごと投入してガスを吸収させ処理し、その処理液を多量の水で希釈して流す。 | | | | |
| 火災時の措置 | (周辺火災の場合)<br>速やかに容器を安全な場所に移動する。移動不可能な場合は、遮へい物を活用して破損に対する防護措置を講じ、噴霧注水により容器及び周囲を冷却する。 | | | | |
| 人体への影響 | 吸入―鼻、のど、気管支等の粘膜を刺激し、炎症を起こす。はなはだしい場合には肺水腫を起こし、呼吸困難を起こす。<br>皮膚―直接液に触れると皮膚を激しく刺激し、炎症を起こす。液体に触れると凍傷になる。<br>眼　―粘膜を刺激し、炎症を起こす。 | | | | |
| | $LD_{50}$ ――― | $LC_{50}$ ――― | 許容濃度 ――― | | |
| 用途 | 特殊材料ガス、エッチング。 | | | | |
| CAS No. | | 国連番号 | 1741 (等級 2.3) | | |

⬅ボンベに収納されている例

⬅三塩化ホウ素が容器から漏れた場合、白色のガスが認められる。

# ☠ 44 三塩化りん

| 品名 | 別名 | 塩化第一りん | | | | | |
|---|---|---|---|---|---|---|---|
| | 英語名 | Phosphorus Trichloride, Phosphorus Chloride | | | | | |
| | 化学式 | $PCl_3$ | | | | | |
| 性状 | 比重 | 蒸気比重 | 融点 | 沸点 | 無色透明の刺激臭のある液体。不燃性。 | | |
| | 1.59 | 1.575 | −93.6℃ | 74.7℃ | | | |
| 毒物及び劇物取締法の適用 | | 毒物 | | 含有製剤の消防法に基づく届出の要否 | | 要 | |
| 水の影響 | 水と反応して有毒な塩化水素のガスを発生する。<br>水分の存在下においては、大部分の金属を強く腐食する。 | | | | | | |
| 火熱の影響 | 加熱すると分解して有毒なホスフィン(リン化水素)を発生する。 | | | | | | |
| 漏えい時の措置 | 漏えいした液は土砂等でその流れを止め、安全な場所に導き、密閉可能な容器にできるだけ回収し、そのあとを水酸化カルシウム等の水溶液を用いて処理した後、多量の水で洗い流す。この場合、濃厚な廃液が河川等に排出されないように注意する。 | | | | | | |
| 火災時の措置 | (周辺火災の場合)<br>速やかに容器を安全な場所に移動する。移動不可能な場合は、噴霧注水により容器及び周囲を冷却する。 | | | | | | |
| 人体への影響 | 吸入―鼻、のど、気管支等の粘膜を刺激し、炎症を起こす。はなはだしい場合には肺水種、呼吸困難を起こす。<br>皮膚―皮膚を激しく刺激し、炎症を起こす。<br>眼――粘膜を激しく刺激し、炎症を起こす。 | | | | | | |
| | $LD_{50}$ | 550mg/kg(ラ) | $LC_{50}$ | 104ppm/4hr(ラ) | 許容濃度 | 0.2 ppm | |
| 用途 | 特殊材料ガス。<br>染料、農薬、家庭用殺虫剤、塩化ビニル安定剤などの原料、各種塩化物の製造。 | | | | | | |
| CAS No. | 7719−12−2 | | 国連番号 | 1809(等級 6.1) | | | |

←横置円筒型屋外タンク（30m³）で貯蔵されている例

→ドラム缶（200ℓ）に収納されている例

↓ガラスビンに収納されている例

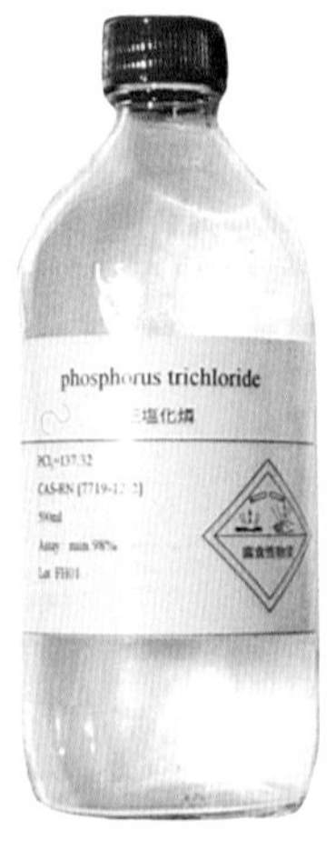


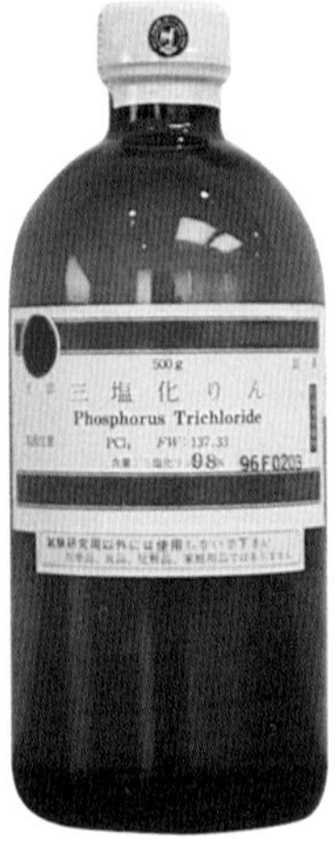

# 45 三塩基性硫酸鉛

| 品名 | 別名 | | | ―― | | |
|---|---|---|---|---|---|---|
| | 英語名 | | | Tribasic Lead Sulfate | | |
| | 化学式 | | | $3PbO \cdot PbSO_4 \cdot H_2O$ | | |
| 性状 | 比重 | 蒸気比重 | 融点 | 沸点 | 白色で無臭の粉末。<br>不燃性。 | |
| | 7.1 | ―― | 977℃(分解) | ―― | | |
| 毒物及び劇物取締法の適用 | | 劇物 | | 含有製剤の消防法に基づく届出の要否 | | 否 |
| 水の影響 | ほとんど溶けない。 | | | | | |
| 火熱の影響 | 加熱すると有毒な酸化鉛(Ⅱ)の煙霧を発生する。 | | | | | |
| 漏えい時の措置 | 飛散したものは容器にできるだけ回収し、そのあとを多量の水で洗い流す。洗い流す場合には中性洗剤等の分散剤を使用する。 | | | | | |
| 火災時の措置 | (周辺火災の場合)<br>速やかに容器を安全な場所に移動する。移動不可能な場合は、噴霧注水により容器及び周囲を冷却する。 | | | | | |
| 人体への影響 | 吸入―鉛中毒を起こすことがある。<br>眼――異物感を与え、粘膜を刺激する。<br>皮膚―非常に強く刺激する。 | | | | | |
| | $LD_{50}$ | 430mg/kg(ラ) | $LC_{50}$ | ―― | 許容濃度 | 0.1mg/$m^3$ |
| 用途 | 塩化ビニル安定剤。 | | | | | |
| CAS No. | 7446-14-2 | | 国連番号 | 1794(等級8) | | |

⬆倉庫に貯蔵されている例



➡試料用ガラスビンに収納されている例

⬅⬇20kg入りクラフト紙袋に収納されている例

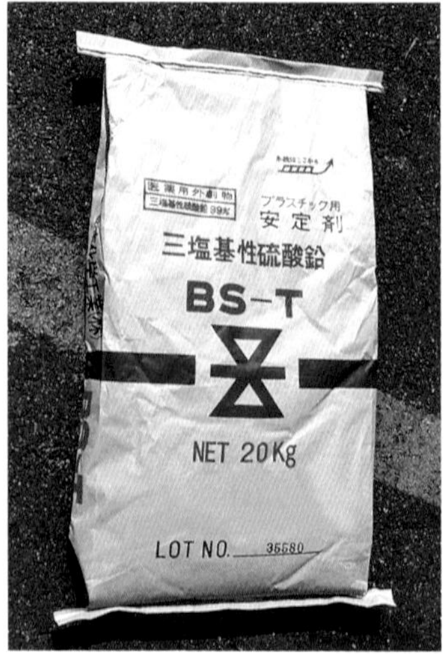


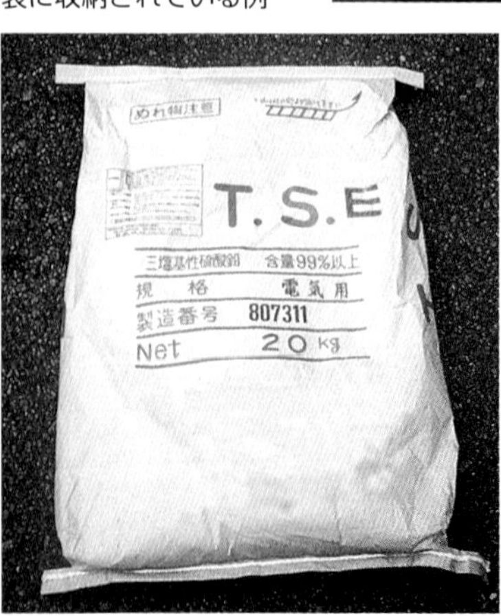

# 46 酸化カドミウム

<table>
<tr><td rowspan="3">品名</td><td>別名</td><td colspan="6">酸化カドミウム(Ⅱ)</td></tr>
<tr><td>英語名</td><td colspan="6">Cadmium Oxide</td></tr>
<tr><td>化学式</td><td colspan="6">$CdO$</td></tr>
<tr><td rowspan="2">性状</td><td>比重</td><td>蒸気比重</td><td>融点</td><td>沸点</td><td colspan="3" rowspan="2">赤褐色の粉末。<br>昇華性(1,559℃)。</td></tr>
<tr><td>6.95〜8.15</td><td>——</td><td>1,426℃</td><td>1,559℃</td></tr>
<tr><td colspan="2">毒物及び劇物取締法の適用</td><td colspan="2">劇物</td><td colspan="3">含有製剤の消防法に基づく届出の要否</td><td>否</td></tr>
<tr><td>水の影響</td><td colspan="7">不溶。</td></tr>
<tr><td>火熱の影響</td><td colspan="7">加熱すると有害な煙霧を発生する。</td></tr>
<tr><td>漏えい時の措置</td><td colspan="7">飛散したものは容器にできるだけ回収し、そのあとをウエス等で拭きとる。</td></tr>
<tr><td>火災時の措置</td><td colspan="7">(周辺火災の場合)<br>速やかに容器を安全な場所に移動する。移動不可能な場合は、噴霧注水により容器及び周囲を冷却する。</td></tr>
<tr><td rowspan="2">人体への影響</td><td colspan="7">吸入—鼻、のど、気管支などを刺激し、頭痛、めまい、悪心などのカドミウム中毒を起こすことがある。<br>眼——異物感を与え、粘膜を刺激する。</td></tr>
<tr><td>$LD_{50}$</td><td>72mg/kg(マ)</td><td>$LC_{50}$</td><td>340mg/m³/10min(マ)</td><td>許容濃度</td><td colspan="2">0.2mg/m³(Cdとして)</td></tr>
<tr><td>用途</td><td colspan="7">安定剤原料、電気メッキ。</td></tr>
<tr><td colspan="2">CAS No.</td><td colspan="2">1306-19-0</td><td colspan="2">国連番号</td><td colspan="2">2570(等級6.1)</td></tr>
</table>

➔容器をダンボール箱に収納し、貯蔵している例

➔500g入りポリエチレン製ビンに収納されている例

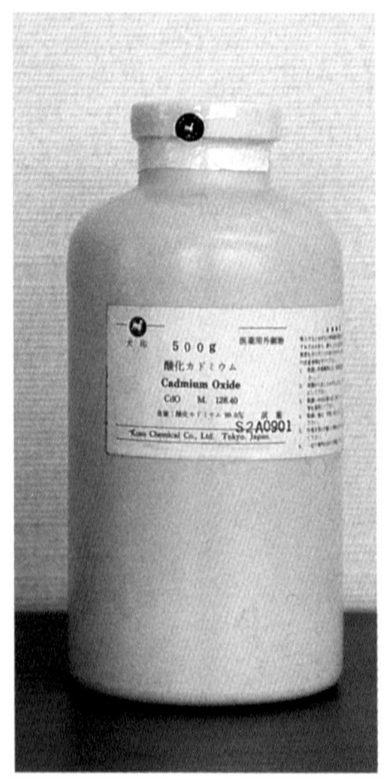


➔酸化カドミウムそのものの姿

# ☠ 47 酸化第二水銀

<table>
<tr><td rowspan="3">品名</td><td>別名</td><td colspan="5">酸化水銀(Ⅱ)、黄ゴウ汞、赤ゴウ汞</td></tr>
<tr><td>英語名</td><td colspan="5">Mercuric Oxide</td></tr>
<tr><td>化学式</td><td colspan="5">HgO</td></tr>
<tr><td rowspan="2">性状</td><td>比重</td><td>蒸気比重</td><td>融点</td><td>沸点</td><td colspan="2" rowspan="2">黄色又は橙色の粉末。</td></tr>
<tr><td>11.1</td><td>——</td><td>——</td><td>——</td></tr>
<tr><td colspan="2">毒物及び劇物取締法の適用</td><td colspan="2">毒物</td><td colspan="2">含有製剤の消防法に基づく届出の要否</td><td>要(5%以下を除く。)</td></tr>
<tr><td>水の影響</td><td colspan="6">不溶。</td></tr>
<tr><td>火熱の影響</td><td colspan="6">黄ゴウ汞を加熱すると赤ゴウ汞に変わり、400℃で黒ゴウ汞になる。500℃で分解し、有毒な水銀蒸気が発生する。</td></tr>
<tr><td>漏えい時の措置</td><td colspan="6">漏えいしたものは土のう積みにより飛散防止を図り、ポリエチレンシート等で表面被覆する。<br>有毒な蒸気に注意し、容器に回収する。土砂等が付着している場合は、土砂ごと回収する。</td></tr>
<tr><td>火災時の措置</td><td colspan="6">(周辺火災の場合)<br>速やかに容器を安全な場所へ移動する。移動不可能な場合は、飛散防止に留意し、噴霧注水により容器及び周囲を冷却する。</td></tr>
<tr><td rowspan="2">人体への影響</td><td colspan="6">吸入—水銀中毒を起こすことがある。<br>皮膚—放置すると吸入することがあるので注意する。<br>眼—— 異物感を与え、粘膜を刺激する。</td></tr>
<tr><td>$LD_{50}$</td><td>16mg/kg(マ)</td><td>$LC_{50}$</td><td>——</td><td>許容濃度</td><td>0.05mg/$m^3$<br>(Hgとして)</td></tr>
<tr><td>用途</td><td colspan="6">水銀電池、塗料、試薬。</td></tr>
<tr><td>CAS No.</td><td colspan="2">21908－53－2</td><td>国連番号</td><td colspan="3">1641 (等級 6.1)</td></tr>
</table>

➡ファイバードラム(直径約30㎝、高さ約25㎝)に収納し、倉庫に貯蔵されている例
写真下部の大型のファイバードラムは別のものである。

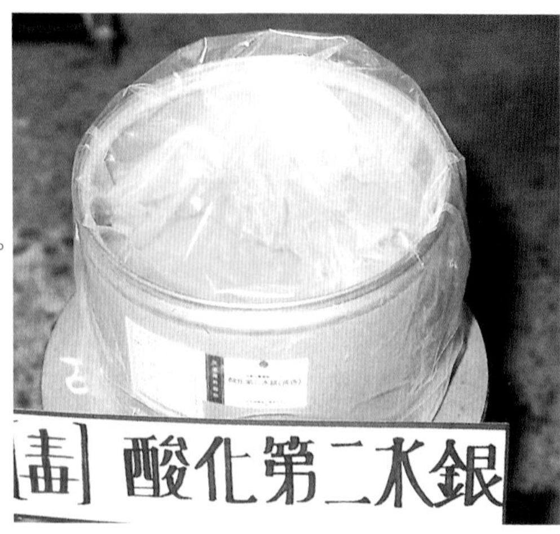


➡ファイバードラムのふたを開けた状態
ポリエチレンの袋に入れられ収納されている。

⬇ガラス製小ビン入りと酸化第二水銀そのものの姿(橙黄色粉末)

# ☠ 48 酸化フェンブタスズ

| 品名 | 別名 | ヘキサキス（β・β－ジメチルフェネチル）ジスタンノキサン　ヘキサキス（2－メチル－2－フェニルプロピル）ジスタノキサン | | | |
|---|---|---|---|---|---|
| | 英語名 | Fenbutatin Oxide, 1,1,1,3,3,3-Hexakis(2-methyl-2-phenylpropyl)Distannoxane | | | |
| | 化学式 | $C_{60}H_{78}OSn_2$ | | | |
| 性状 | 比重 | 蒸気比重 | 融点 | 沸点 | 白色粉末。芳香性。強い眼刺激。280℃以上で分解。（水生生物に非常に強い毒性を有する） |
| | 1.3 | —— | 138～139℃ | —— | |
| 毒物及び劇物取締法の適用 | 本物質及びこれを含有する製剤は毒物。 | | 含有製剤の消防法に基づく届出の要否 | | 要 |
| 水の影響 | 水に不溶。 | | | | |
| 火熱の影響 | 火災によって、刺激性、腐食性又は毒性のガスを発生するおそれがある。 | | | | |
| 漏えい時の措置 | 近傍での喫煙、火花や火炎の禁止。<br>漏えい物を掃き集めて密閉できる容器に回収する。<br>水で湿らせ、空気中のダストを減らして分散を防ぐ。<br>プラスチックシートで覆いをし、散乱を防ぐ。 | | | | |
| 火災時の措置 | 水噴霧、泡消火剤、粉末消火剤、炭酸ガス、乾燥砂類等により消火する。<br>棒状注水不可。<br>周辺火災の場合、危険でなければ火災区域から容器を移動する。<br>消火後も、大量の水を用いて十分に容器を冷却する。 | | | | |
| 人体への影響 | 吸入—有害性あり。<br>皮膚—刺激が生じる場合がある。<br>眼——強い刺激がある。 | | | | |
| | $LD_{50}$ | 5000mg/kg（ラ） | $LC_{50}$ | 1.83mg/L（ラ） | 許容濃度 —— |
| 用途 | 農薬（殺虫剤：有機スズ化合物の殺ダニ剤）。 | | | | |
| CAS No. | 13356－08－6 | | 国連番号 | | 2786（等級 6.1） |

⬇250mℓ入りビンに収納されている例

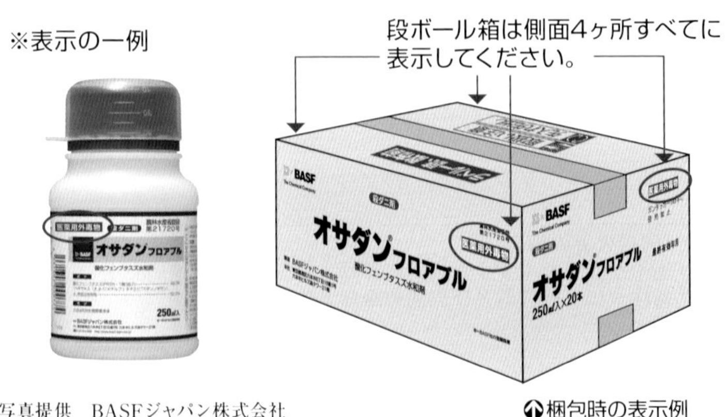


写真提供　BASFジャパン株式会社

⬆梱包時の表示例

# 49 三酸化アンチモン（酸化アンチモン（Ⅲ））

| 品名 | | |
|---|---|---|
| | 別名 | 酸化アンチモン、三酸化二アンチモン |
| | 英語名 | Antimony Trioxide, Antimonious Oxide, Diantimony Trioxide |
| | 化学式 | $Sb_2O_3$ |

| 性状 | 比重 | 蒸気比重 | 融点 | 沸点 | |
|---|---|---|---|---|---|
| | 5.2 ~ 5.4 | —— | 656℃ | 1,425℃ | 白色粉末。加熱すると黄色液体となり、冷却すれば白色結晶となる。 |

| 毒物及び劇物取締法の適用 | 劇物 | 含有製剤の消防法に基づく届出の要否 | 否 |
|---|---|---|---|

|  |  |
|---|---|
| 水の影響 | 難溶。 |
| 火熱の影響 | 加熱すると有毒な不活性のガスが発生する。 |
| 漏えい時の措置 | 飛散したものは容器にできるだけ回収し、そのあとを多量の水で洗い流す。この場合、濃厚な廃液が河川等に排出されないように注意する。 |
| 火災時の措置 | （周辺火災の場合）<br>速やかに容器を安全な場所に移動する。移動不可能な場合は、噴霧注水により容器及び周囲を冷却する。 |
| 人体への影響 | 眼—異物感を与え、粘膜を刺激する。 |

| $LD_{50}$ | 172mg／kg（マ） | $LC_{50}$ | —— | 許容濃度 | 0.1mg／$m^3$（Sbとして） |
|---|---|---|---|---|---|

| 用途 | 各種樹脂・ビニル電線・帆布・紙・塗料などの難燃助剤、顔料。 |
|---|---|

| CAS No. | 1309－64－4 | 国連番号 | 1549（等級 6.1） |
|---|---|---|---|

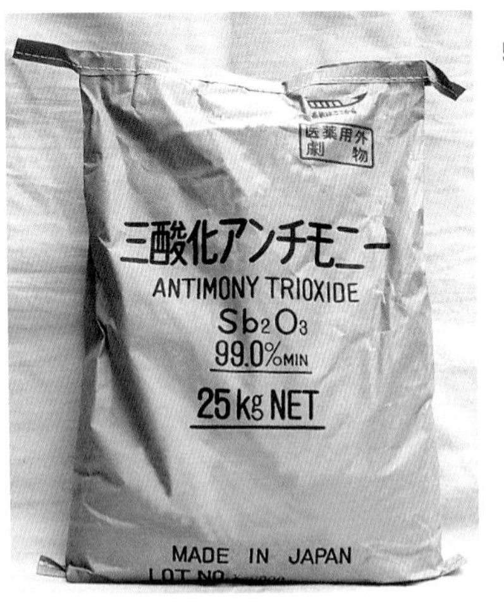


⬆25kg入りクラフト紙袋に収納されている例

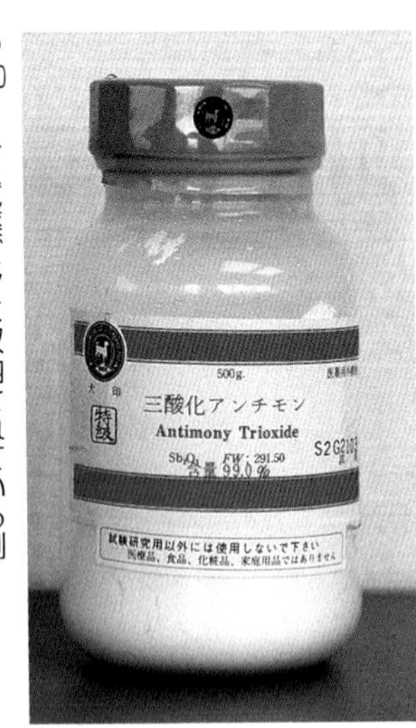


➡500g入り試薬ビンに収納されている例

⬇↘試料用ガラスビンに収納されている例

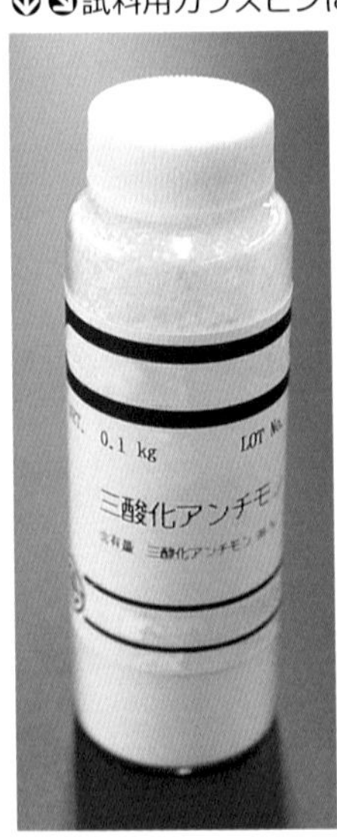

# ☠ 50 三ふっ化ほう素

<table>
<tr><td rowspan="3">品名</td><td>別名</td><td colspan="6">フッ化ホウ素、ボロンフルオライド</td></tr>
<tr><td>英語名</td><td colspan="6">Boron Trifluoride, Boron Fluoride</td></tr>
<tr><td>化学式</td><td colspan="6">$BF_3$</td></tr>
<tr><td rowspan="2">性状</td><td>比重</td><td>蒸気比重</td><td>融点</td><td>沸点</td><td colspan="3" rowspan="2">無色の刺激臭のある気体。<br>不燃性。腐食性。</td></tr>
<tr><td>2.99</td><td>3.065(20℃)</td><td>−128.4℃</td><td>−100.3℃</td></tr>
<tr><td colspan="3">毒物及び劇物取締法の適用</td><td>毒物</td><td colspan="3">含有製剤の消防法に基づく届出の要否</td><td>要</td></tr>
<tr><td>水の影響</td><td colspan="7">水と接触すると有毒なフッ化水素のガスを発生する。<br>水が加わるといろいろな金属、ガラス等を激しく腐食する。</td></tr>
<tr><td>火熱の影響</td><td colspan="7">なし。</td></tr>
<tr><td>漏えい時の措置</td><td colspan="7">漏えいしたボンベ等を多量の水酸化ナトリウム水溶液中に容器ごと投入してガスを吸収させ処理し、その処理液を多量の水で希釈して流す。</td></tr>
<tr><td>火災時の措置</td><td colspan="7">(周辺火災の場合)<br>速やかに容器を安全な場所に移動する。移動不可能な場合は、容器の破損等に対する防護措置を講じ、噴霧注水により容器及び周囲を冷却する。なお、容器が火災に包まれた場合には爆発・破損の危険があるので近寄らない。</td></tr>
<tr><td rowspan="2">人体への影響</td><td colspan="7">吸入—鼻、のど、気管支等の粘膜を刺激し、炎症を起こす。はなはだしい場合には肺水種、呼吸困難を起こす。<br>皮膚—皮膚を激しく刺激し、炎症を起こす。<br>眼——粘膜を刺激し、炎症を起こす。失明することがある。</td></tr>
<tr><td>$LD_{50}$</td><td>——</td><td>$LC_{50}$</td><td>109mg／m³／4hr(モ)</td><td>許容濃度</td><td colspan="2">0.3ppm</td></tr>
<tr><td>用途</td><td colspan="7">特殊材料ガス。<br>石油樹脂の触媒、半導体製造。</td></tr>
<tr><td colspan="2">CAS No.</td><td colspan="2">7637－07－2</td><td>国連番号</td><td colspan="3">1008（等級 2.3）</td></tr>
</table>

➡専用貯蔵庫にボンベで貯蔵されている例

➡ボンベに収納されている例

# 51 シアナミド

<table>
<tr><td rowspan="3">品名</td><td>別名</td><td colspan="6">アミドシアノゲン、カルバモニトリル</td></tr>
<tr><td>英語名</td><td colspan="6">Cyanamide,Amidocyanogen,Carbamonitrile</td></tr>
<tr><td>化学式</td><td colspan="6">$CH_2N_2(H_2HCN)$</td></tr>
<tr><td rowspan="2">性状</td><td>比重</td><td>蒸気比重</td><td>融点</td><td>沸点</td><td colspan="3" rowspan="2">無色針状結晶。吸湿性、潮解性を有する。常圧260℃で分解（引火点141℃）。</td></tr>
<tr><td>1.28</td><td>——</td><td>42～47℃</td><td>83℃</td></tr>
<tr><td colspan="3">毒物及び劇物取締法の適用</td><td colspan="2">劇物</td><td>含有製剤の消防法に基づく届出の要否</td><td colspan="2">否</td></tr>
<tr><td>水の影響</td><td colspan="7">水、酸及びアルカリと接触すると分解し、アンモニアや窒素酸化物、シアン化合物などの有毒な煙霧や蒸気等を発生する。</td></tr>
<tr><td>火熱の影響</td><td colspan="7">40℃以上で激しく熱を放出しながら二量化する。<br>火災によって、刺激性、毒性又は腐食性のガスを発生するおそれがある。<br>加熱により、容器が爆発するおそれがある。</td></tr>
<tr><td>漏えい時の措置</td><td colspan="7">シート等で覆いをして粉塵の拡散を防ぐ。<br>呼吸用保護具、保護手袋及び保護衣を着装して漏えい物を集めて、ステンレス、スチール、ポリエチレン製で、密閉できる容器に回収する。</td></tr>
<tr><td>火災時の措置</td><td colspan="7">二酸化炭素、粉末消火剤、乾燥砂、水噴霧により安全な場所から消火する。<br>周辺火災の場合、危険でなければ火災区域から容器を移動する。</td></tr>
<tr><td rowspan="2">人体への影響</td><td colspan="7">吸入—咳、息切れの症状を起こす。<br>皮膚—皮膚感作性を引き起こすことがある。<br>眼——刺激があり、充血や痛みを引き起こす。</td></tr>
<tr><td>$LD_{50}$</td><td>125mg／kg（ラ）</td><td>$LC_{50}$</td><td>1,000mg／L（ラ）</td><td>許容濃度</td><td colspan="2">TLV：2mg／$m^3$</td></tr>
<tr><td>用途</td><td colspan="7">有機合成原料及び農薬、医薬品、塗料の原料。</td></tr>
<tr><td colspan="2">CAS No.</td><td colspan="2">420－04－2</td><td>国連番号</td><td colspan="3">2811（等級6.1）</td></tr>
</table>

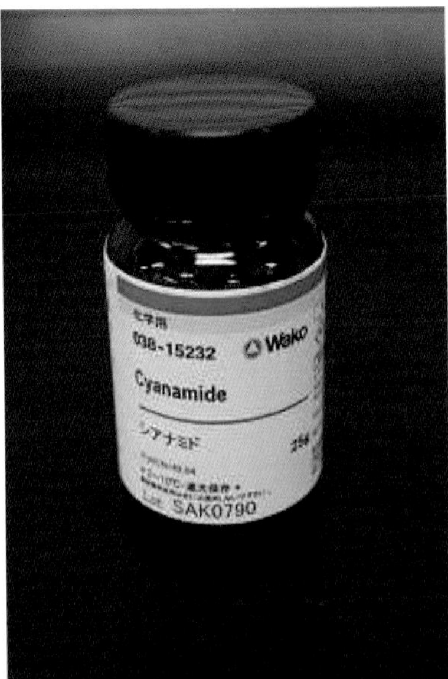


ガラスビンに収納されている例

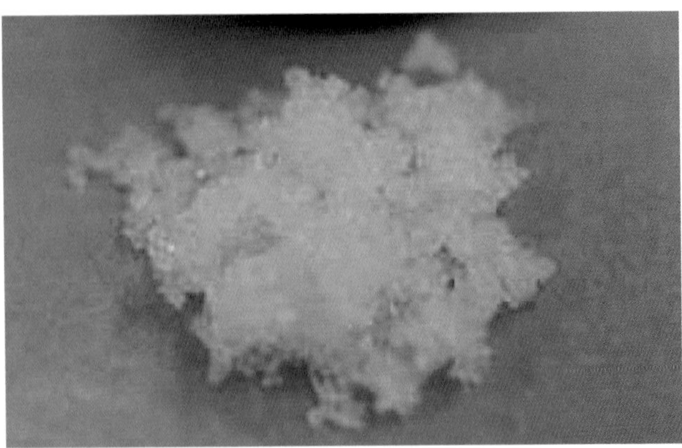

シアナミドそのものの姿

出典：消防庁ホームページ　火災危険性を有するおそれのある物質等に関する調査報告書(平成28年３月)
火災危険性を有するおそれのある物質等に関する調査検討会
(http://www.fdma.go.jp/neuter/about/shingi_kento/h27/kasaikikensei/houkoku/houkokusyo.pdf)

# 52 シアナミド鉛

| 品名 | 別名 | ―――― | | | | | |
|---|---|---|---|---|---|---|---|
| | 英語名 | Lead Cyanamide | | | | | |
| | 化学式 | $PbCN_2$ | | | | | |
| 性状 | 比重 | 蒸気比重 | 融点 | 沸点 | 淡黄色の結晶性粉末。 | | |
| | 6.5 | ―― | 280℃(分解) | ―― | | | |
| 毒物及び劇物取締法の適用 | | 劇物 | | 含有製剤の消防法に基づく届出の要否 | | 否 | |
| 水の影響 | 不溶。 | | | | | | |
| 火熱の影響 | 加熱すると有毒な酸化鉛(Ⅱ)の煙霧及びガスを発生する。 | | | | | | |
| 漏えい時の措置 | 飛散したものは容器にできるだけ回収し、そのあとを多量の水で洗い流す。この場合、濃厚な廃液が河川等に排出されないように注意する。 | | | | | | |
| 火災時の措置 | (周辺火災の場合)<br>速やかに容器を安全な場所に移動する。移動不可能な場合は、噴霧注水により容器及び周囲を冷却する。<br>(着火した場合)<br>多量の水を用いて消火する。 | | | | | | |
| 人体への影響 | 吸入―鉛中毒を起こすことがある。<br>眼――異物感を与え、粘膜を刺激する。 | | | | | | |
| | $LD_{50}$ | ―――― | $LC_{50}$ | ―――― | 許容濃度 | 0.1mg／$m^3$ | |
| 用途 | 防錆顔料。 | | | | | | |
| CAS No. | | 国連番号 | | | | | |

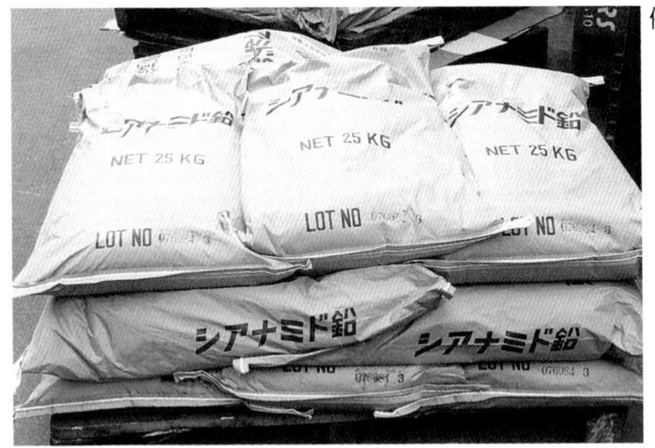


倉庫にクラフト紙袋で貯蔵されている例

25kg入りクラフト紙袋に収納されている例

シアナミド鉛そのものの姿

# ☠ 53 シアン化亜鉛

| 品名 | 別名 | 青化亜鉛 | | | | |
|---|---|---|---|---|---|---|
| | 英語名 | Zinc Cyanide | | | | |
| | 化学式 | $Zn(CN)_2$ | | | | |
| 性状 | 比重 | 蒸気比重 | 融点 | 沸点 | 白色粉末又は柱状結晶。 | |
| | 1.9 | —— | —— | —— | | |
| 毒物及び劇物取締法の適用 | | 毒物 | 含有製剤の消防法に基づく届出の要否 | | 要 | |
| 水の影響 | 冷水に不溶、熱水に微溶。<br>酸と反応すると猛毒で可燃性のシアン化水素ガスを発生する。 | | | | | |
| 火熱の影響 | 加熱すると800℃で分解して、猛毒で可燃性のシアンガスを発生する。 | | | | | |
| 漏えい時の措置 | 漏えいしたものは、土砂等により拡大防止を図り、液及び土砂等を回収する。又は安全な場所に導き、硫酸第一鉄で中和するか、又は水酸化ナトリウム等の水溶液でアルカリ性(pH11 以上)にし、次に次亜塩素酸ナトリウム等の水溶液を散布して分解させる。<br>直接水で洗い流してはいけない。 | | | | | |
| 火災時の措置 | (周辺火災の場合)<br>速やかに容器を安全な場所へ移動する。移動不可能な場合は、噴霧注水により容器及び周囲を冷却する。 | | | | | |
| 人体への影響 | 吸入—シアン中毒(頭痛、呼吸困難、おう吐、意識不明、呼吸麻痺)を起こす。<br>皮膚—皮膚より吸収され、シアン中毒を起こすことがある。<br>眼——異物感を与え、粘膜を刺激する。 | | | | | |
| | $LD_{50}$ | —— | $LC_{50}$ | —— | 許容濃度 | 5mg／$m^3$<br>(CNとして) |
| 用途 | 殺虫剤、医薬品、メッキ液、試薬。 | | | | | |
| CAS No. | 557－21－1 | | 国連番号 | 1713 (等級 6.1) | | |

⬆金属缶（10kg入り）に収納され貯蔵されている例

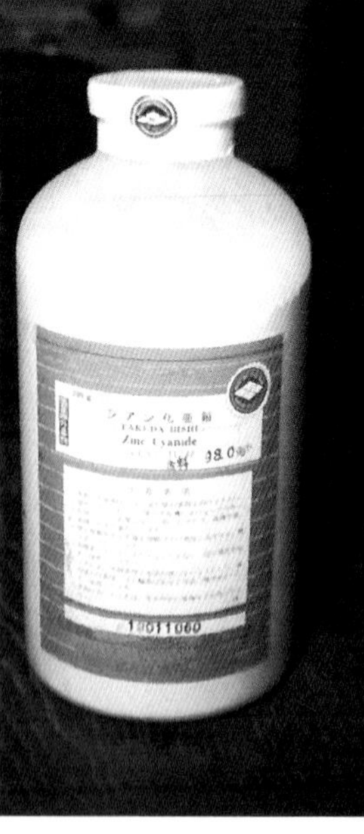


➡ポリエチレン製のビンに収納されている例

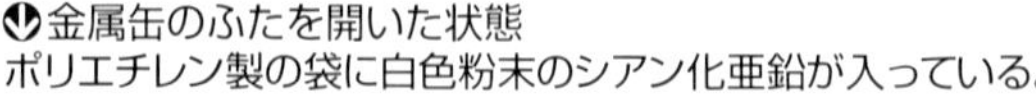

⬇金属缶のふたを開いた状態
ポリエチレン製の袋に白色粉末のシアン化亜鉛が入っている。

# ☠ 54 シアン化カリウム

| | | |
|---|---|---|
| 品名 | 別名 | 青酸カリ、青化カリウム |
| | 英語名 | Potassium Cyanide |
| | 化学式 | KCN |

| | 比重 | 蒸気比重 | 融点 | 沸点 | |
|---|---|---|---|---|---|
| 性状 | 1.5(16℃) | —— | 635℃ | 1,625℃ | 白色粉末、塊状結晶。<br>吸湿性。 |

| 毒物及び劇物取締法の適用 | 毒物 | 含有製剤の消防法に基づく届出の要否 | 要 |
|---|---|---|---|

| | |
|---|---|
| 水の影響 | 容易に溶け、猛毒な液体となる。<br>酸と反応すると猛毒で可燃性のシアン化水素ガスを発生する。 |
| 火熱の影響 | 水、酸及び熱と同時に接触するとシアン化水素を発生し燃える。 |
| 漏えい時の措置 | 漏えいしたものは、土砂等により拡大防止を図り、液及び土砂等を回収する。又は安全な場所に導き、硫酸第一鉄で中和するか、又は水酸化ナトリウム等の水溶液でアルカリ性(pH11 以上)にし、次に次亜塩素酸ナトリウム等の水溶液を散布して分解させる。<br>直接水で洗い流してはいけない。 |
| 火災時の措置 | (周辺火災の場合)<br>速やかに容器を安全な場所へ移動する。移動不可能な場合は、飛散防止に留意し、噴霧注水により容器及び周囲を冷却する。 |
| 人体への影響 | 吸入—シアン中毒(頭痛、呼吸困難、おう吐、意識不明、呼吸麻痺)を起こす。高濃度の吸入は死に至る。<br>皮膚—皮膚より吸収され、シアン中毒を起こす。<br>眼——粘膜を激しく刺激し、結膜炎を起こす。 |

| $LD_{50}$ | 8.5mg/kg(マ) | $LC_{50}$ | ——— | 許容濃度 | 5mg/$m^3$ (CNとして) |
|---|---|---|---|---|---|

| | |
|---|---|
| 用途 | 銀・銅の電気メッキ液、窒化鋼製造、分析用試薬。 |

| CAS No. | 151－50－8 | 国連番号 | 1680（等級 6.1） |
|---|---|---|---|

🅐🅑金属缶に収納された例
左は開缶された状態(左が30kg、右が12.5kg)

🅒シアン化カリウムそのものの姿

🅓500g入りポリエチレン製ビンに収納されている例

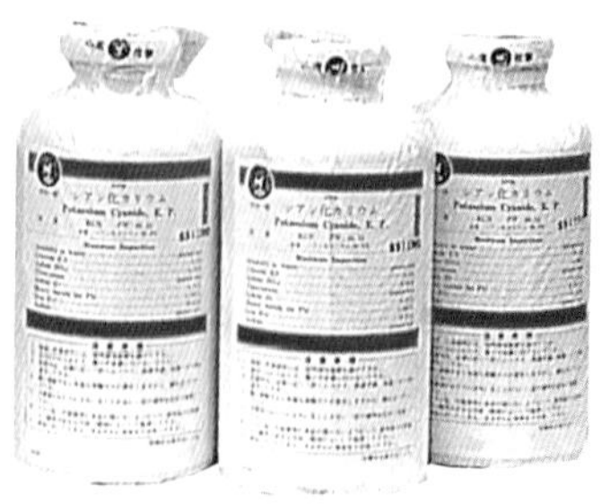

# ☠ 55 シアン化銀

<table>
<tr><td rowspan="3">品名</td><td>別名</td><td colspan="6">青化銀、シアン銀</td></tr>
<tr><td>英語名</td><td colspan="6">Silver Cyanide</td></tr>
<tr><td>化学式</td><td colspan="6">AgCN</td></tr>
<tr><td rowspan="2">性状</td><td>比重</td><td>蒸気比重</td><td>融点</td><td>沸点</td><td colspan="3" rowspan="2">白色ないし灰色の結晶又は粉末。</td></tr>
<tr><td>4.0</td><td>——</td><td>320℃</td><td>——</td></tr>
<tr><td colspan="3">毒物及び劇物取締法の適用</td><td colspan="2">毒物</td><td colspan="2">含有製剤の消防法に基づく届出の要否</td><td>要</td></tr>
<tr><td>水の影響</td><td colspan="7">ほとんど溶けない。<br>強酸類で分解して、猛毒で可燃性のシアン化水素ガスを発生する。</td></tr>
<tr><td>火熱の影響</td><td colspan="7">加熱すると320℃で分解して、猛毒で可燃性のシアンガスを発生する。</td></tr>
<tr><td>漏えい時の措置</td><td colspan="7">漏えいしたものは、土砂等により拡大防止を図り、液及び土砂等を回収する。又は安全な場所に導き、硫酸第一鉄で中和するか、又は水酸化ナトリウム等の水溶液でアルカリ性(pH11以上)にし、次に次亜塩素酸ナトリウム等の水溶液を散布して分解させる。<br>直接水で洗い流してはいけない。</td></tr>
<tr><td>火災時の措置</td><td colspan="7">(周辺火災の場合)<br>速やかに容器を安全な場所へ移動する。移動不可能な場合は、噴霧注水により容器及び周囲を冷却する。</td></tr>
<tr><td rowspan="2">人体への影響</td><td colspan="7">吸入—シアン中毒(頭痛、呼吸困難、おう吐、意識不明、呼吸麻痺)を起こす。高濃度の吸入は死に至る。<br>皮膚—皮膚より吸収され、シアン中毒を起こすことがある。<br>眼——異物感を与え、粘膜を刺激する。</td></tr>
<tr><td>$LD_{50}$</td><td>123mg／kg(ラ)</td><td>$LC_{50}$</td><td colspan="2">——</td><td>許容濃度</td><td>5mg／m$^3$<br>(CNとして)</td></tr>
<tr><td>用途</td><td colspan="7">銀メッキ、特殊分析。</td></tr>
<tr><td colspan="2">CAS No.</td><td colspan="2">506－64－9</td><td colspan="2">国連番号</td><td colspan="2">1684（等級 6.1）</td></tr>
</table>

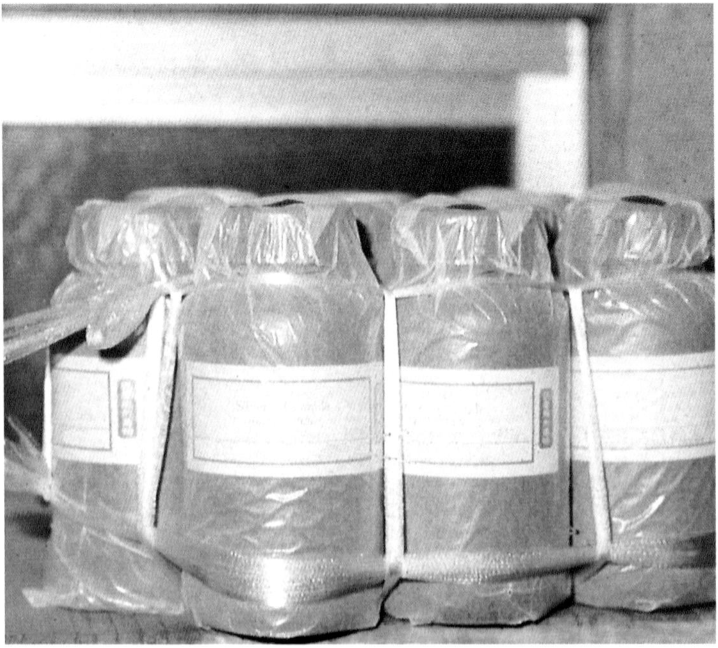

↑ガラス製小ビンに入ったものを、取扱いの便のためひもでしばり、ひとつにまとめた例

↓25g入り小ビンに収納された例
写真中左側はシアン化銀そのものの姿

# ☠ 56 シアン化水素

| | | | | | |
|---|---|---|---|---|---|
| 品名 | 別名 | 青化水素 | | | |
| | 英語名 | Hydrogen Cyanide, Hydrocyanic Acid | | | |
| | 化学式 | HCN | | | |
| 性状 | 比重 | 蒸気比重 | 融点 | 沸点 | 無色のわずかに芳香性がある液体。可燃性(引火点－17.8℃)。 |
| | 0.7(20℃) | 0.7 | －13℃ | 26℃ | |
| 毒物及び劇物取締法の適用 | 毒物 | 含有製剤の消防法に基づく届出の要否 | 要 | | |

| | |
|---|---|
| 水の影響 | 任意の割合で溶ける。<br>水溶液は気化して、猛毒で可燃性のシアン化水素ガスを発生する。 |
| 火熱の影響 | 燃焼すると有毒なガスを発生する。<br>加熱すると急激に重合し、爆発するおそれがある。 |
| 漏えい時の措置 | 漏えいを止められない場合は、遠方から噴霧注水を行う。<br>廃水は安全な場所へ導き処理する。 |
| 火災時の措置 | (周辺火災の場合)<br>速やかに容器を安全な場所に移動する。移動不可能な場合は、噴霧注水により容器及び周囲を冷却する。<br>(着火した場合)<br>漏えいが止められない場合は燃焼を継続させ、噴霧注水により容器を冷却する。 |
| 人体への影響 | 吸入―シアン中毒(頭痛、呼吸困難、おう吐、意識不明、呼吸麻痺)を起こす。高濃度の吸入は死に至る。<br>皮膚―皮膚より吸収され、シアン中毒を起こす。<br>眼――粘膜を激しく刺激し、結膜炎を起こす。 |

| $LD_{50}$ | 3.7mg／kg(マ) | $LC_{50}$ | 323ppm/5min(マ) | 許容濃度 | 5ppm |
|---|---|---|---|---|---|

| | |
|---|---|
| 用途 | 有機合成原料、蛍光染料原料、殺虫・殺そ剤原料。 |

| CAS No. | 74－90－8 | 国連番号 | 1051 (等級 6.1) |
|---|---|---|---|

➔貯蔵室の状況

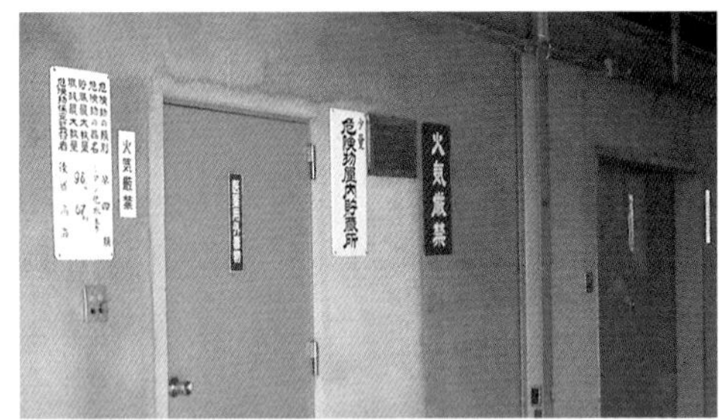


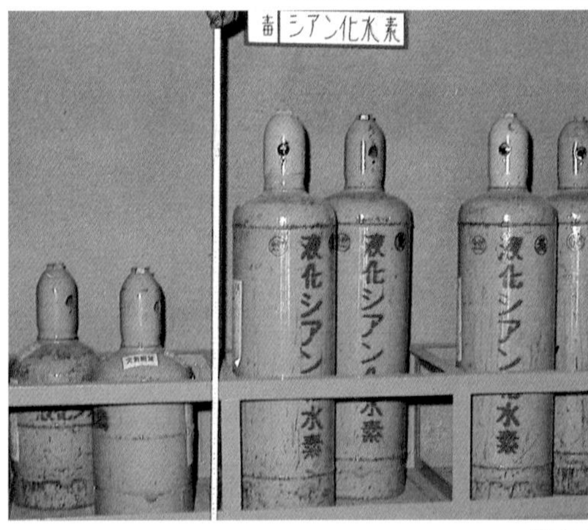


⬅ボンベに入った状態で貯蔵されている例

➔沸点が常温程度の液体であるため、極めて気化しやすいことからボンベに収納される。

# ☠ 57 シアン化第一金カリウム

| 品名 | | |
|---|---|---|
| | 別名 | 青化第一金カリウム、ジシアノ金(Ⅰ)酸カリウム |
| | 英語名 | Gold-Potassium Cyanide |
| | 化学式 | K[Au(CN)$_2$] |

| 性状 | 比重 | 蒸気比重 | 融点 | 沸点 | |
|---|---|---|---|---|---|
| | 3.45 | —— | 融解することなく分解する | —— | 白色結晶性粉末。 |

| 毒物及び劇物取締法の適用 | 毒物 | 含有製剤の消防法に基づく届出の要否 | 要 |
|---|---|---|---|

|  |  |
|---|---|
| 水の影響 | 可溶。<br>(シアン化物は酸と接触すると有毒なシアン化水素を発生する。) |
| 火熱の影響 | 加熱すると分解し、有毒な酸化金(Ⅱ)の煙霧及びシアン成分を含有する有毒なガスを発生する。 |
| 漏えい時の措置 | 飛散したものは、空容器にできるだけ回収し、そのあとに水酸化ナトリウム、ソーダ灰等の水溶液を散布してアルカリ性(pH11以上)とし、更に酸化剤(次亜塩素酸ナトリウム、さらし粉等)の水溶液で酸化処理を行い、多量の水を用いて洗い流す(pH8程度のアルカリ性ではクロルシアンが発生するので注意する。)。<br>この場合、濃厚な廃液が河川等に排出されないように注意する。 |
| 火災時の措置 | (周辺火災の場合)<br>速やかに容器を安全な場所に移動する。移動不可能な場合には、噴霧注水により容器及び周囲を冷却する。<br>(着火した場合)<br>多量の水を用いて消火する。二酸化炭素消火器を使用してはならない。 |
| 人体への影響 | 吸入—シアン中毒(頭痛、呼吸困難、おう吐、意識不明、呼吸麻痺)を起こす。死に至る危険がある。<br>皮膚—皮膚より吸収され、シアン中毒を起こすことがある。<br>眼——粘膜を激しく刺激する。 |

| $LD_{50}$ | —— | $LC_{50}$ | —— | 許容濃度 | 5mg/m$^3$ (CNとして) |
|---|---|---|---|---|---|

| 用途 | 金メッキ用。 |
|---|---|

| CAS No. | | 国連番号 | |
|---|---|---|---|

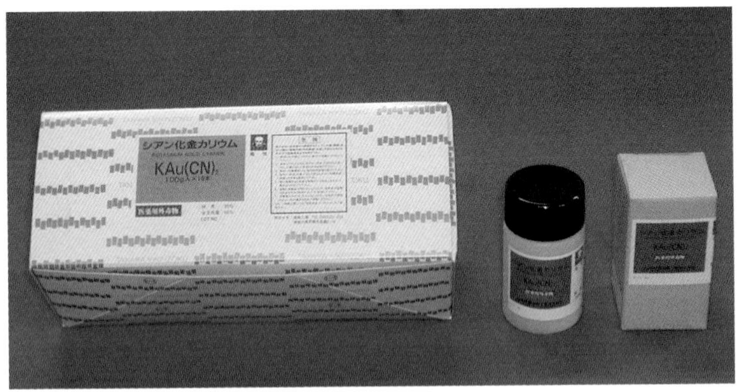


↑100g入りのビンが10本入った箱（左）、100g入りビン（中）及び100g入りの箱（右）

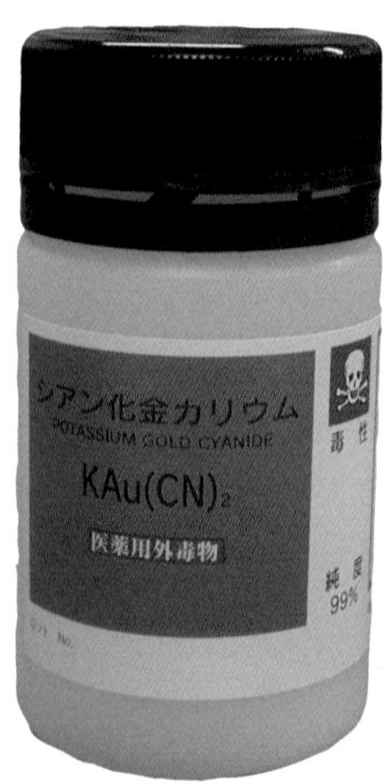


←100g入りポリエチレン製ビンに収納されている例

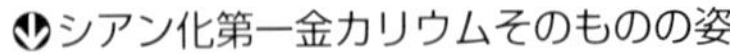

↓シアン化第一金カリウムそのものの姿

# ☠ 58 シアン化第一銅

| | | |
|---|---|---|
| 品名 | 別名 | シアン化銅、青化銅、青化第一銅、青酸銅 |
| | 英語名 | Cuprous Cyanide, Copper Cyanide |
| | 化学式 | CuCN |

| 性状 | 比重 | 蒸気比重 | 融点 | 沸点 | 白色結晶性粉末。空気中の$CO_2$と反応し、微量のシアン化水素ガスを発生する。 |
|---|---|---|---|---|---|
| | 2.9 | —— | 474℃ | —— | |

| 毒物及び劇物取締法の適用 | 毒物 | 含有製剤の消防法に基づく届出の要否 | 要 |
|---|---|---|---|

| | |
|---|---|
| 水の影響 | 水に不溶。<br>強酸類で分解して、猛毒で可燃性のシアン化水素ガスを発生する。 |
| 火熱の影響 | 加熱すると分解して、猛毒で可燃性のシアンガスを発生する。 |
| 漏えい時の措置 | 漏えいしたものは、土砂等により拡大防止を図り、液及び土砂等を回収する。又は安全な場所に導き、硫酸第一鉄で中和するか、又は水酸化ナトリウム等の水溶液でアルカリ性(pH11 以上)にし、次に次亜塩素酸ナトリウム等の水溶液を散布して分解させる。<br>直接水で洗い流してはいけない。 |
| 火災時の措置 | (周辺火災の場合)<br>速やかに容器を安全な場所に移動する。移動不可能な場合は、噴霧注水により容器及び周囲を冷却する。 |
| 人体への影響 | 吸入―シアン中毒(頭痛、呼吸困難、おう吐、意識不明、呼吸麻痺)を起こす。高濃度の吸入は死に至る。<br>皮膚―皮膚より吸収され、シアン中毒を起こすことがある。<br>眼――異物感を与え、粘膜を刺激する。 |

| $LD_{50}$ | 1265mg／kg(ラ) | $LC_{50}$ | —— | 許容濃度 | 5mg／$m^3$ (CNとして) |
|---|---|---|---|---|---|

| | |
|---|---|
| 用途 | 電気銅メッキ。 |

| CAS No. | 544－92－3 | 国連番号 | 1587 (等級 6.1) |
|---|---|---|---|

➡毒物専用倉庫に他の毒物と一緒に貯蔵されている例

⬇15kg入り金属缶に収納されている例

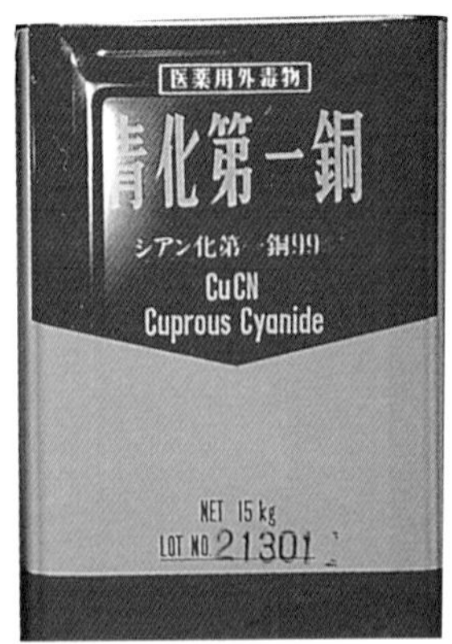

⬇500g入りポリエチレン製ビンとシアン化第一銅そのものの姿

# ☠ 59 シアン化第二水銀

| 品名 | 別名 | 青化水銀、シアン化水銀、青化汞 |
|---|---|---|
| | 英語名 | Mercuric Cyanide, Mercury Cyanide |
| | 化学式 | $Hg(CN)_2$ |

| 性状 | 比重 | 蒸気比重 | 融点 | 沸点 | 無色又は白色結晶。<br>無臭。 |
|---|---|---|---|---|---|
| | 4.0 | —— | —— | —— | |

| 毒物及び劇物取締法の適用 | 毒物 | 含有製剤の消防法に基づく届出の要否 | 要 |
|---|---|---|---|

|  |  |
|---|---|
| 水の影響 | 比較的易溶（0℃、8g／100g）。<br>強酸類で分解して、猛毒で可燃性のシアン化水素ガスを発生する。 |
| 火熱の影響 | 加熱すると320℃で分解して、猛毒で可燃性のシアンガスを発生する。 |
| 漏えい時の措置 | 漏えいしたものは、土砂等により拡大防止を図り、液及び土砂等を回収する。又は安全な場所に導き、硫酸第一鉄で中和するか、又は水酸化ナトリウム等の水溶液でアルカリ性(pH11以上)にし、次に次亜塩素酸ナトリウム等の水溶液を散布して分解させる。<br>直接水で洗い流してはいけない。 |
| 火災時の措置 | (周辺火災の場合)<br>速やかに容器を安全な場所に移動する。移動不可能な場合は、噴霧注水により容器及び周囲を冷却する。 |
| 人体への影響 | 吸入―シアン中毒（頭痛、呼吸困難、おう吐、意識不明、呼吸麻痺）を起こす。高濃度の吸入は死に至る。<br>皮膚―皮膚より吸収され、シアン中毒を起こすことがある。<br>眼――異物感を与え、粘膜を刺激する。 |

| $LD_{50}$ | 33mg／kg(マ) | $LC_{50}$ | ―― | 許容濃度 | 0.05mg／$m^3$<br>(Hgとして) |
|---|---|---|---|---|---|

| 用途 | 医薬、シアンの製造。 |
|---|---|

| CAS No. | | 国連番号 | 1636（等級6.1） |
|---|---|---|---|

↑倉庫の棚にビン入りのものを貯蔵している例

↓25g 入り小ビンとシアン化第二水銀そのものの姿

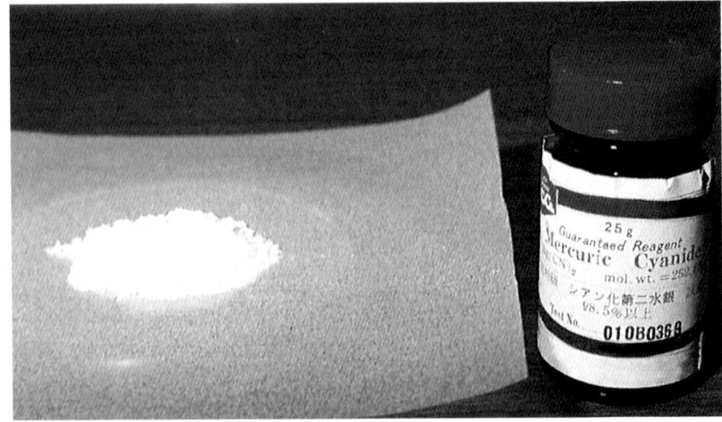

# ☠ 60 シアン化銅酸カリウム

<table>
<tr><td rowspan="3">品名</td><td>別名</td><td colspan="6">青化銅酸カリウム、青化銅カリ</td></tr>
<tr><td>英語名</td><td colspan="6">Potassium Cuprocyanide</td></tr>
<tr><td>化学式</td><td colspan="6">$K_2[Cu(CN)_3]$</td></tr>
<tr><td rowspan="2">性状</td><td>比重</td><td>蒸気比重</td><td>融点</td><td>沸点</td><td colspan="3" rowspan="2">無色結晶。</td></tr>
<tr><td>約 2.0</td><td>——</td><td>約 550℃(分解)</td><td>——</td></tr>
<tr><td colspan="3">毒物及び劇物取締法の適用</td><td>毒物</td><td colspan="2">含有製剤の消防法に基づく届出の要否</td><td colspan="2">要</td></tr>
<tr><td>水の影響</td><td colspan="7">可溶。<br>(シアン化物は酸と接触すると有毒で可燃性のシアン化水素を発生する。)</td></tr>
<tr><td>火熱の影響</td><td colspan="7">強熱されると分解して有毒な酸化銅(Ⅱ)の煙霧及びシアン成分を含有するガスを発生する。</td></tr>
<tr><td>漏えい時の措置</td><td colspan="7">飛散したものは空容器にできるだけ回収し、そのあとに水酸化ナトリウム、ソーダ灰等の水溶液を散布してアルカリ性(pH11 以上)とし、更に酸化剤(次亜塩素酸ナトリウム、さらし粉等)の水溶液で酸化処理を行い、多量の水を用いて洗い流す(pH8 程度のアルカリ性ではクロルシアンが発生するので注意する。)。<br>この場合、濃厚な廃液が河川等に排出されないよう注意する。</td></tr>
<tr><td>火災時の措置</td><td colspan="7">(周辺火災の場合)<br>速やかに容器を安全な場所に移動する。移動不可能な場合には、噴霧注水により容器及び周囲を冷却する。<br>(着火した場合)<br>多量の水を用いて消火する。二酸化炭素消火器は用いてはならない。</td></tr>
<tr><td rowspan="2">人体への影響</td><td colspan="7">吸入—シアン中毒(頭痛、呼吸困難、おう吐、意識不明、呼吸麻痺)を起こす。死に至る危険がある。<br>皮膚—皮膚より吸収され、シアン中毒を起こすことがある。<br>眼——粘膜を激しく刺激し、場合によっては失明するおそれがある。</td></tr>
<tr><td>$LD_{50}$</td><td>10mg/kg(ラ)<br>(KCNとして)</td><td>$LC_{50}$</td><td colspan="2">——</td><td>許容濃度</td><td>1mg/$m^3$<br>(Cuとして)</td></tr>
<tr><td>用途</td><td colspan="7">銅メッキ用。</td></tr>
<tr><td colspan="2">CAS No.</td><td colspan="2"></td><td colspan="2">国連番号</td><td colspan="2">1679(等級 6.1)</td></tr>
</table>

➡15kg入り金属缶に収納されている例

⬇シアン化銅酸カリウムそのものの姿

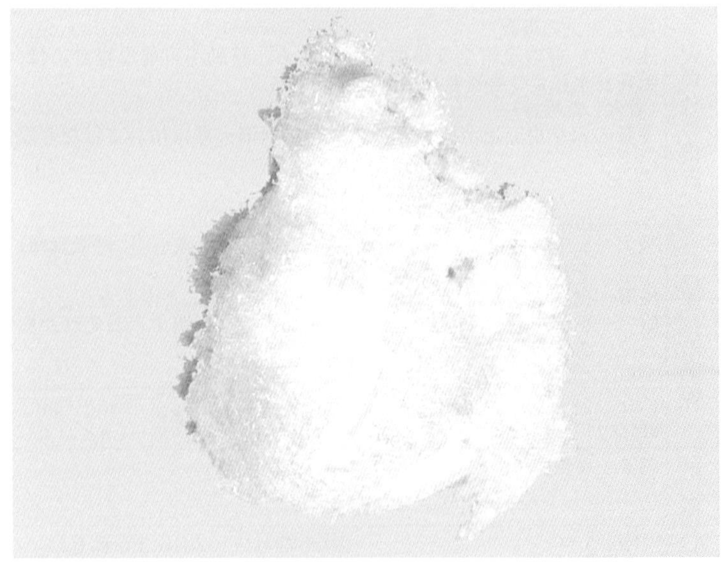

# ☠ 61 シアン化銅酸ナトリウム

| 品名 | 別名 | 青化銅酸ナトリウム、青化銅ソーダ | | | |
|---|---|---|---|---|---|
| | 英語名 | Sodium Cuprocyanide | | | |
| | 化学式 | $Na_2[Cu(CN)_3]\cdot 3H_2O$ | | | |
| 性状 | 比重 | 蒸気比重 | 融点 | 沸点 | 無色結晶。 |
| | 約 1.8 | —— | 約 550℃(分解) | —— | |
| 毒物及び劇物取締法の適用 | 毒物 | 含有製剤の消防法に基づく届出の要否 | 要 | | |

|  |  |
|---|---|
| 水の影響 | 水に溶けやすい。<br>(シアン化物は酸と接触すると有毒で可燃性のシアン化水素を発生する。) |
| 火熱の影響 | 強熱されると分解して有毒な酸化銅(Ⅱ)の煙霧及びシアン成分を含有するガスを発生する。 |
| 漏えい時の措置 | 飛散したものは空容器にできるだけ回収し、そのあとに水酸化ナトリウム、ソーダ灰等の水溶液を散布してアルカリ性(pH11 以上)とし、更に酸化剤(次亜塩素酸ナトリウム、さらし粉等)の水溶液で酸化処理を行い、多量の水を用いて洗い流す(pH8 程度のアルカリ性ではクロルシアンが発生するので注意する。)。<br>この場合、濃厚な廃液が河川等に排出されないよう注意する。 |
| 火災時の措置 | (周辺火災の場合)<br>速やかに容器を安全な場所に移動する。移動不可能な場合には、噴霧注水により容器及び周囲を冷却する。<br>(着火した場合)<br>多量の水を用いて消火する。二酸化炭素消火器は用いてはならない。 |
| 人体への影響 | 吸入—シアン中毒(頭痛、呼吸困難、おう吐、意識不明、呼吸麻痺)を起こす。死に至る危険がある。<br>皮膚—皮膚より吸収され、シアン中毒を起こすことがある。<br>眼——粘膜を激しく刺激し、場合によっては失明するおそれがある。 |

| $LDL_0$ (最小致死量) | 2.86mg/kg(ヒト)(NaCNとして) | $LC_{50}$ | —— | 許容濃度 | 1mg/$m^3$ (Cuとして) |
|---|---|---|---|---|---|

| 用途 | 銅メッキ用。 |
|---|---|

| CAS No. | | 国連番号 | 2316(等級 6.1) |
|---|---|---|---|

➡10kg入り金属缶に収納されている例

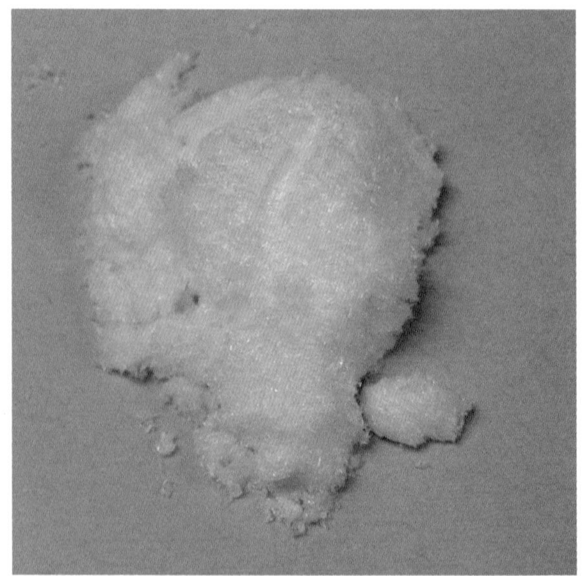

⬅シアン化銅酸ナトリウムそのものの姿

# ☠ 62 シアン化ナトリウム

<table>
<tr><td rowspan="3">品名</td><td>別名</td><td colspan="6">青化ソーダ、青酸ソーダ、青化ナトリウム、青酸ナトリウム、青曹</td></tr>
<tr><td>英語名</td><td colspan="6">Sodium Cyanide, Cyanogran</td></tr>
<tr><td>化学式</td><td colspan="6">NaCN</td></tr>
<tr><td rowspan="2">性状</td><td>比重</td><td>蒸気比重</td><td>融点</td><td>沸点</td><td colspan="3" rowspan="2">白色の粉末、粒状の固体。潮解性。空気中の$CO_2$と反応し、微量のシアン化水素ガスを発生する。</td></tr>
<tr><td>1.9</td><td>——</td><td>564℃</td><td>1,496℃</td></tr>
<tr><td colspan="3">毒物及び劇物取締法の適用</td><td>毒物</td><td colspan="2">含有製剤の消防法に基づく届出の要否</td><td colspan="2">要</td></tr>
<tr><td>水の影響</td><td colspan="7">容易に溶ける。水溶液は強アルカリ性である。<br>酸性の水、湿気と接触すると、猛毒で可燃性のシアン化水素ガスを発生する。</td></tr>
<tr><td>火熱の影響</td><td colspan="7">加熱すると分解してシアンガスを発生する。</td></tr>
<tr><td>漏えい時の措置</td><td colspan="7">漏えいしたものは、土砂等により拡大防止を図り、液及び土砂等を回収する。又は安全な場所に導き、硫酸第一鉄で中和するか、又は水酸化ナトリウム等の水溶液でアルカリ性(pH11以上)にし、次に次亜塩素酸ナトリウム等の水溶液を散布して分解させる。<br>直接水で洗い流してはいけない。</td></tr>
<tr><td>火災時の措置</td><td colspan="7">(周辺火災の場合)<br>速やかに容器を安全な場所に移動する。移動不可能な場合は、噴霧注水により容器及び周囲を冷却する。</td></tr>
<tr><td rowspan="2">人体への影響</td><td colspan="7">吸入―シアン中毒(頭痛、呼吸困難、おう吐、意識不明、呼吸麻痺)を起こす。高濃度の吸入は死に至る。<br>皮膚―皮膚より吸収され、シアン中毒を起こす。<br>眼――粘膜を激しく刺激し、結膜炎を起こす。</td></tr>
<tr><td>$LD_{50}$</td><td>6.4mg/kg(ラ)</td><td>$LC_{50}$</td><td colspan="2">——</td><td>許容濃度</td><td>5mg/$m^3$<br>(CNとして)</td></tr>
<tr><td>用途</td><td colspan="7">金の青化製錬、顔料(紺青)の原料、電気メッキ。</td></tr>
<tr><td colspan="2">CAS No.</td><td colspan="2">143－33－9</td><td colspan="2">国連番号</td><td colspan="2">1689(等級 6.1)</td></tr>
</table>

🔼30kg入り金属缶で貯蔵されている例

🔽シアン化ナトリウムそのものをシャーレに取り出した状態

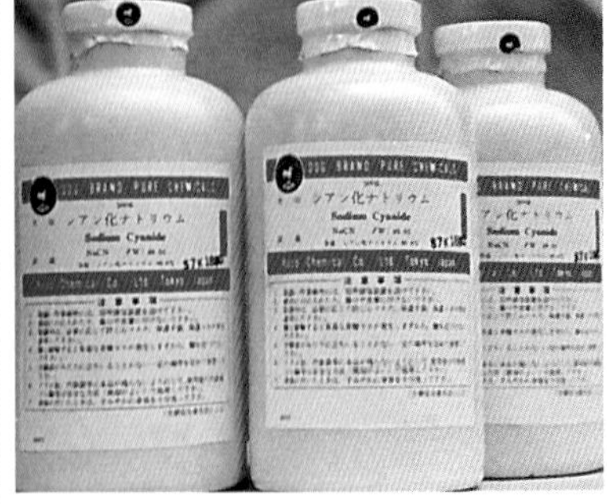


🔼500g入りポリエチレン製ビンに収納されている例

# 63 四塩化炭素

<table>
<tr><td rowspan="3">品名</td><td>別名</td><td colspan="7">四塩化メタン、四クロロメタン、テトラクロロメタン</td></tr>
<tr><td>英語名</td><td colspan="7">Carbon Tetrachloride, Tetrachloromethane</td></tr>
<tr><td>化学式</td><td colspan="7">$CCl_4$</td></tr>
<tr><td rowspan="2">性状</td><td>比重</td><td>蒸気比重</td><td>融点</td><td>沸点</td><td colspan="4" rowspan="2">クロロホルム臭を有する無色の液体。不燃性。</td></tr>
<tr><td>1.6</td><td>5.3</td><td>−23℃</td><td>77℃</td></tr>
<tr><td colspan="3">毒物及び劇物取締法の適用</td><td>劇物</td><td colspan="3">含有製剤の消防法に基づく届出の要否</td><td colspan="2">要</td></tr>
<tr><td>水の影響</td><td colspan="8">不溶。</td></tr>
<tr><td>火熱の影響</td><td colspan="8">加熱すると分解して有毒なホスゲン、塩化水素を発生する。</td></tr>
<tr><td>漏えい時の措置</td><td colspan="8">土砂等により拡大防止を図り、容器にできるだけ回収し、そのあと多量の水で洗い流す。洗い流す場合には中性洗剤等の分散剤を使用する。</td></tr>
<tr><td>火災時の措置</td><td colspan="8">(周辺火災の場合)<br>速やかに容器を安全な場所に移動する。移動不可能な場合は、噴霧注水により容器及び周囲を冷却する。</td></tr>
<tr><td rowspan="2">人体への影響</td><td colspan="8">吸入—めまい、頭痛、吐き気をおぼえ、はなはだしい場合は意識不明となる。<br>皮膚—皮膚を刺激し、皮膚からも吸収され、湿疹を生じたり、吸入した場合と同様の中毒症状を起こす。<br>眼　粘膜を刺激し、炎症を起こす。</td></tr>
<tr><td>$LD_{50}$</td><td>8,263mg／kg(マ)</td><td>$LC_{50}$</td><td colspan="2">9,526ppm／8hr(マ)</td><td>許容濃度</td><td colspan="2">5ppm</td></tr>
<tr><td>用途</td><td colspan="8">赤外線透過溶媒、フレオン原料、殺虫くん蒸剤。</td></tr>
<tr><td colspan="2">CAS No.</td><td colspan="2">56−23−5</td><td colspan="2">国連番号</td><td colspan="3">1846（等級 6.1）</td></tr>
</table>

←鋼製ドラムに収納され、積み上げて貯蔵されている例

↓鋼製ドラムに収納されている例

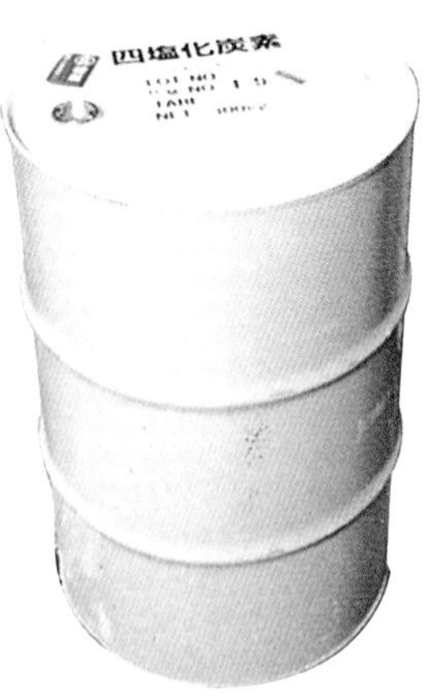


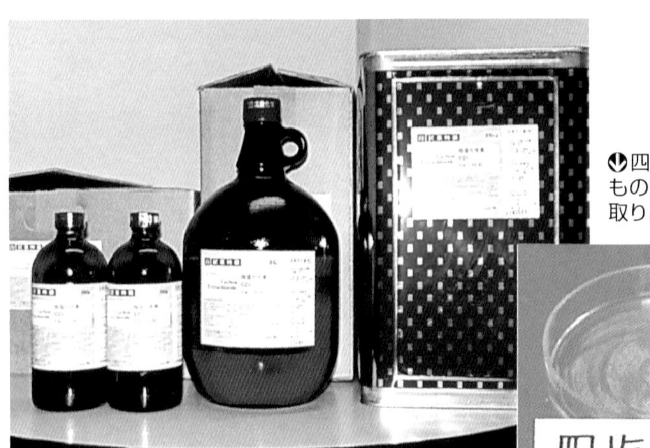

↑500g、3ℓ、25kg入りそれぞれの容器に収納されている例

↓四塩化炭素そのものをシャーレに取り出した状態

# 64 四塩基性クロム酸亜鉛

| 品名 | 別名 | 亜鉛黄２種(ZTO)、ジンククロメート |
|---|---|---|
| | 英語名 | Zinc Chromate Tetrabasic, Zinc Tetroxy Chromate, Zinc Chromate |
| | 化学式 | $ZnCrO_4 \cdot 4ZnO$ |

| 性状 | 比重 | 蒸気比重 | 融点 | 沸点 | 淡赤黄色粉末。 |
|---|---|---|---|---|---|
| | 3.8 | —— | —— | —— | |

| 毒物及び劇物取締法の適用 | 劇物 | 含有製剤の消防法に基づく届出の要否 | 要 |
|---|---|---|---|

|  |  |
|---|---|
| 水の影響 | やや溶けにくい。 |
| 火熱の影響 | 加熱すると有害な酸化亜鉛(Ⅱ)の煙霧を発生する。 |
| 漏えい時の措置 | 飛散したものは容器にできるだけ回収し、そのあとを還元剤(硫酸第一鉄等)の水溶液を散布し、消石灰、ソーダ灰等の水溶液で処理した後、多量の水で洗い流す。この場合、濃厚な廃液が河川等に排出されないよう注意する。 |
| 火災時の措置 | (周辺火災の場合)<br>速やかに容器を安全な場所に移動する。移動不可能な場合は、噴霧注水により容器及び周囲を冷却する。 |
| 人体への影響 | 吸入―クロム中毒を起こすことがある。(呼吸困難・肺うっ血症状)<br>皮膚―皮膚炎又は潰瘍を起こすことがある。<br>眼――粘膜を刺激し、結膜炎を起こす。 |

| $LD_{50}$ | 1.8g／kg(ラ) | $LC_{50}$ | ―― | 許容濃度 | 0.01mg／$m^3$<br>($CrO_3$として) |
|---|---|---|---|---|---|

| 用途 | さび止め下塗り塗料用。 |
|---|---|

| CAS No. | 50922－29－7 | 国連番号 | |
|---|---|---|---|

➡20kg入りクラフト紙袋に収納されている例

⬇試料用ガラスビンに収納されている例

# ☠ 65 ジチアノン

| 品名 | 別名 | 2，3－ジシアノ－1，4－ジチアアントラキノン | | | |
|---|---|---|---|---|---|
| | 英語名 | Dithianon,2,3-Dicyano-1,4-Dithia-anthraquinone | | | |
| | 化学式 | $C_{14}H_4N_2O_2S_2$ | | | |
| 性状 | 比重 | 蒸気比重 | 融点 | 沸点 | 暗褐色結晶性粉末（わずかなかび臭）。強い眼刺激。80℃以上で分解。（水生生物に非常に強い毒性を有する） |
| | 1.6 | —— | 216℃（分解を伴う） | —— | |

| 毒物及び劇物取締法の適用 | 本物質及びこれを含有する製剤（ただし、ジチアノンとして50％以下を含有するものを除く）は毒物、ジチアノン50％以下を含有する製剤は劇物。 | 含有製剤の消防法に基づく届出の要否 | 要 |
|---|---|---|---|

|  |  |
|---|---|
| 水の影響 | 水に不溶。 |
| 火熱の影響 | 火災によって、刺激性、腐食性又は毒性のガスを発生するおそれがある。<br>ジチアノンを42％含有する農薬は、火災時に一酸化炭素、窒素酸化物、硫黄酸化物を発生するおそれがある。 |
| 漏えい時の措置 | 近傍での喫煙、火花や火炎の禁止。<br>漏えい物を掃き集めて密閉できる容器に回収する。<br>水で湿らせ、空気中のダストを減らして分散を防ぐ。<br>プラスチックシートで覆いをし、散乱を防ぐ。 |
| 火災時の措置 | 水噴霧、泡消火剤、粉末消火剤、炭酸ガス、乾燥砂類等により消火する。<br>棒状注水不可<br>周辺火災の場合、危険でなければ火災区域から容器を移動する。<br>消火後も、大量の水を用いて十分に容器を冷却する。 |
| 人体への影響 | 吸入—有害性あり。<br>皮膚—刺激が生じる場合があり、アレルギー性皮膚反応を起こすおそれがある。<br>眼——強い刺激がある。 |

| $LD_{50}$ | 472 mg／kg（ラ） | $LC_{50}$ | 1.8 mg／L（ラ） | 許容濃度 | —— |
|---|---|---|---|---|---|

| 用途 | 農薬（ニトリル基を有する殺菌剤）。 |
|---|---|

| CAS No. | 3347－22－6 | 国連番号 | |
|---|---|---|---|

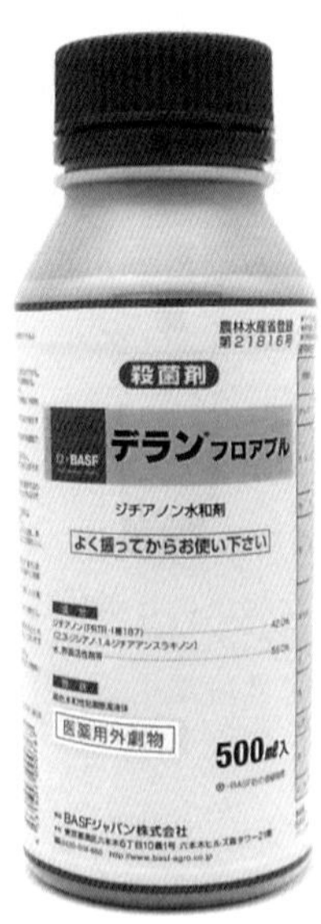


⬆250mℓ入りビンに収納されている例（劇物の例）

写真提供　BASFジャパン株式会社

# 66 ジメチルアミン

| | | | | | |
|---|---|---|---|---|---|
| 品名 | 別名 | N－メチルメタンアミン | | | |
| | 英語名 | Dimethylamine | | | |
| | 化学式 | $(CH_3)_2NH$ | | | |
| 性状 | 比重 | 蒸気比重 | 融点 | 沸点 | 無色で魚臭（高濃度はアンモニア臭）の気体（引火点－6.7℃）。腐食性が強い。 |
| | 0.66（4℃） | 1.56 | －92.2℃ | 6.9℃ | |
| 毒物及び劇物取締法の適用 | 劇物 | 含有製剤の消防法に基づく届出の要否 | 要（50%以下を除く。） | | |
| 水の影響 | 水によく溶ける（強アルカリ性溶液となり有毒である。）。水溶液も引火危険がある。<br>（酸と激しく反応する。アルミニウム、亜鉛、銅を腐食する。） | | | | |
| 火熱の影響 | 空気混合し、引火爆発性の混合ガスとなる（爆発範囲2.8%～14.4v/v%）。火災等で燃焼して、有毒なガス（窒素酸化物及び一酸化炭素）を発生する。水銀、酸、酸化剤、塩素等と接触すると発火・爆発することがある。 | | | | |
| 漏えい時の措置 | 蒸気を吸収させるために噴霧注水を行う。少量の場合、蒸気を吸収した水は、砂又はバーミキュライト等の不燃性吸収剤で除去し、水で洗い流す。大量の場合、土のう、土砂で蒸気を吸収した水の流出防止をし、容器へ回収する。<br>汚染場所は、希酸で中和処理した後、多量の水で洗い流す。 | | | | |
| 火災時の措置 | （周辺火災の場合）<br>速やかに容器を安全な場所に移動する。移動不可能な場合は、遮へい物を活用して、容器の破損に対する防護措置を講じ、容器及び周囲を噴霧注水により冷却する。容器が火炎に包まれた場合には爆発・破裂の危険がある。<br>（着火した場合）<br>噴出したガスに着火し、かつ容易に噴出を止められない場合には消火せず燃焼させる。 | | | | |
| 人体への影響 | 吸入―鼻、のど、気管支等の粘膜を激しく刺激し、炎症を起こす。また、頭痛、めまい、中枢神経麻痺を起こす。はなはだしい場合には、肺浮腫、呼吸困難を起こすことがある。また、胃けいれん、おう吐、下痢等を起こす。<br>皮膚―皮膚を激しく刺激し、炎症を起こす。直接液に触れると凍傷を起こす。<br>眼――粘膜を激しく刺激し、炎症を起こす。直接液が入ると失明することがある。 | | | | |
| | $LD_{50}$ 698mg／kg（ラ） | $LC_{50}$ 4,540ppm／6hr（ラ） | 許容濃度 10ppm | | |
| 用途 | 界面活性剤原料等、加硫促進剤、殺虫・殺菌剤、皮革の脱毛剤、溶剤の原料、医薬品。 | | | | |
| CAS No. | | 国連番号 | 1032（等級 2.1） | | |

➔メチルアミン類（モノメチルアミン・ジメチルアミン・トリメチルアミン）が貯蔵されている屋外タンク

⬇高圧ガスローリーに収納されている例

# 67 臭素

<table>
<tr><td rowspan="3">品名</td><td>別名</td><td colspan="6">ブロミン、ブロム、液体臭素</td></tr>
<tr><td>英語名</td><td colspan="6">Bromine</td></tr>
<tr><td>化学式</td><td colspan="6">$Br_2$</td></tr>
<tr><td rowspan="2">性状</td><td>比重</td><td>蒸気比重</td><td>融点</td><td>沸点</td><td colspan="3" rowspan="2">赤褐色の揮発性液体(蒸気も赤褐色)で、激しい刺激臭を有する。不燃性。</td></tr>
<tr><td>3.1 (25℃)</td><td>5.5 (87.7℃)</td><td>−7.2℃</td><td>59℃</td></tr>
<tr><td colspan="3">毒物及び劇物取締法の適用</td><td>劇物</td><td colspan="2">含有製剤の消防法に基づく届出の要否</td><td colspan="2">否</td></tr>
<tr><td>水の影響</td><td colspan="7">わずかに溶ける。水溶液は強い腐食性を有する。</td></tr>
<tr><td>火熱の影響</td><td colspan="7">加熱すると有毒なガスを発生する。<br>強力な酸化剤で有機物、金属粉に触れると発火する。</td></tr>
<tr><td>漏えい時の措置</td><td colspan="7">漏えいした液は土砂等で拡散を防止し、消石灰を十分に散布し吸収させて処理する。漏えい容器には注水しない。</td></tr>
<tr><td>火災時の措置</td><td colspan="7">(周辺火災の場合)<br>速やかに容器を安全な場所に移動する。移動不可能な場合は、噴霧注水により容器及び周囲を冷却する。</td></tr>
<tr><td rowspan="2">人体への影響</td><td colspan="7">吸入—鼻、気管支等の粘膜が刺激され、多量の吸入は精神異常、けいれん、昏睡を起こす。<br>皮膚—激痛を伴う炎症又は潰瘍を起こす。<br>眼——粘膜を刺激し、炎症を起こす。</td></tr>
<tr><td>$LD_{50}$</td><td>3,100mg／kg(マ)</td><td>$LC_{50}$</td><td>750ppm／9min(マ)</td><td>許容濃度</td><td colspan="2">0.1ppm</td></tr>
<tr><td>用途</td><td colspan="7">農薬、酸化剤、殺菌剤、臭素化剤。</td></tr>
<tr><td colspan="2">CAS No.</td><td colspan="2">7726−95−6</td><td>国連番号</td><td colspan="3">1744（等級8）</td></tr>
</table>

➡陶ビン入りのものを木枠で固定し、積み上げられた例

⬇前掲写真のクローズアップ

➡500g入り褐色のガラスビンに収納されている例
右は25g入りである。

# 68 酒石酸アンチモニルカリウム

| | | |
|---|---|---|
| 品名 | 別名 | 吐酒石、酒石酸カリウムアンチモン |
| | 英語名 | Antimony Potassium Tartrate, Potassium Antimonyl Tartrate , Tartar Emetic |
| | 化学式 | $KSb(C_4H_2O_6) \cdot 1.5H_2O$ |

| 性状 | 比重 | 蒸気比重 | 融点 | 沸点 | 無色、無臭の結晶又は白色粉末。大気中で風化する。100℃で結晶水を失う。 |
|---|---|---|---|---|---|
| | 2.607 | —— | 100℃ | —— | |

| 毒物及び劇物取締法の適用 | 劇物 | 含有製剤の消防法に基づく届出の要否 | 要 |
|---|---|---|---|

| | |
|---|---|
| 水の影響 | 溶けやすい。 |
| 火熱の影響 | 加熱すると燃焼し、有害な酸化アンチモン(Ⅲ)の煙霧を発生する。 |
| 漏えい時の措置 | 飛散したものは容器にできるだけ回収し、そのあとを多量の水で洗い流す。この場合、濃厚な廃液が河川等に排出されないよう注意する。 |
| 火災時の措置 | (周辺火災の場合)<br>速やかに容器を安全な場所に移動する。移動不可能な場合は、噴霧注水により容器及び周囲を冷却する。<br>(着火した場合)<br>多量の水を用いて消火する。 |
| 人体への影響 | 吸入—鼻、のど、気管支を刺激し、粘膜が侵される。<br>皮膚—炎症を起こすことがある。<br>眼——粘膜を激しく刺激する。 |

| $LD_{50}$ | 115mg／kg(ラ) | $LC_{50}$ | —— | 許容濃度 | 0.1mg／$m^3$ (Sbとして) |
|---|---|---|---|---|---|

| | |
|---|---|
| 用途 | 塩化ビニル樹脂の退色抑制阻止剤、染色、顔料、殺虫剤。 |

| CAS No. | | 国連番号 | |
|---|---|---|---|

↑倉庫にクラフト紙袋で貯蔵されている例

↓25kg入りクラフト紙袋に収納されている例

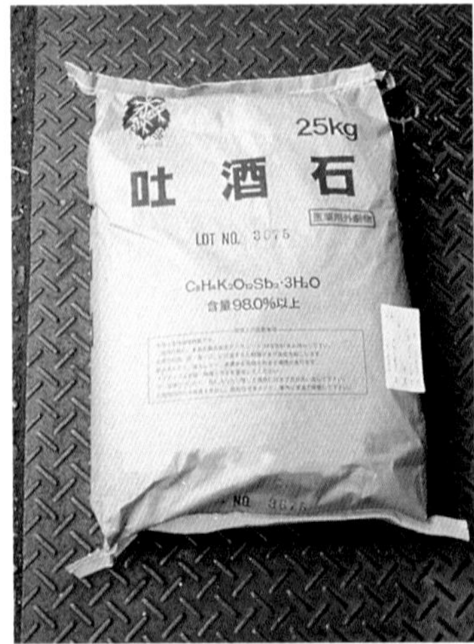


↓500g入り試薬ビンに収納されている例

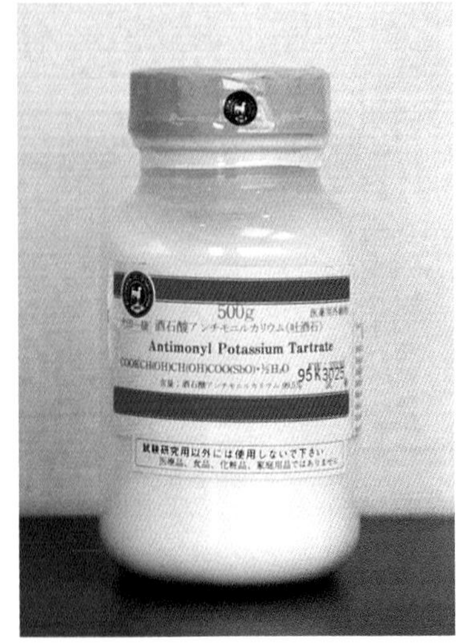

# 69 硝酸カドミウム

<table>
<tr><td rowspan="3">品名</td><td>別名</td><td colspan="6">――――</td></tr>
<tr><td>英語名</td><td colspan="6">Cadmium Nitrate</td></tr>
<tr><td>化学式</td><td colspan="6">$Cd(NO_3)_2 \cdot 4H_2O$</td></tr>
<tr><td rowspan="2">性状</td><td>比重</td><td>蒸気比重</td><td>融点</td><td>沸点</td><td colspan="3" rowspan="2">白色針状結晶。四水和物のほか、二、九水和物もある。潮解性。360℃で無水物になる。</td></tr>
<tr><td>2.455（17℃）</td><td>――</td><td>59.4℃</td><td>132℃</td></tr>
<tr><td colspan="3">毒物及び劇物取締法の適用</td><td>劇物</td><td colspan="2">含有製剤の消防法に基づく届出の要否</td><td colspan="2">否</td></tr>
<tr><td>水の影響</td><td colspan="7">極めて溶けやすい。</td></tr>
<tr><td>火熱の影響</td><td colspan="7">加熱すると有害な酸化カドミウム（Ⅱ）の煙霧及びガスを発生する。<br>可燃物と混合しないよう注意する。<br>加熱すると爆発することがある。</td></tr>
<tr><td>漏えい時の措置</td><td colspan="7">飛散したものは容器にできるだけ回収し、そのあとをウエス等で拭きとる。</td></tr>
<tr><td>火災時の措置</td><td colspan="7">（周辺火災の場合）<br>速やかに容器を安全な場所に移動する。移動不可能な場合は、噴霧注水により容器及び周囲を冷却する。</td></tr>
<tr><td rowspan="2">人体への影響</td><td colspan="7">吸入―カドミウム中毒を起こすことがある。<br>皮膚―刺激作用がある。<br>眼――粘膜を激しく刺激する。</td></tr>
<tr><td>$LD_{50}$</td><td>100mg／kg（マ）</td><td>$LC_{50}$</td><td>3,850mg／$m^3$（マ）</td><td>許容濃度</td><td colspan="2">0.05mg／$m^3$</td></tr>
<tr><td>用途</td><td colspan="7">ガラス及び陶磁器の着色剤（黄色又は橙色）、電池、その他カドミウム塩の製造原料、写真のエマルジョン。</td></tr>
<tr><td colspan="2">CAS No.</td><td colspan="2"></td><td>国連番号</td><td colspan="3"></td></tr>
</table>

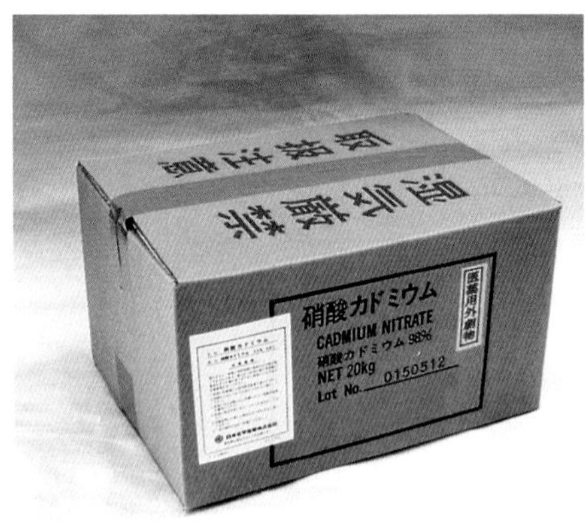


↑20kgポリ袋入りのものがダンボール箱に収納されている例

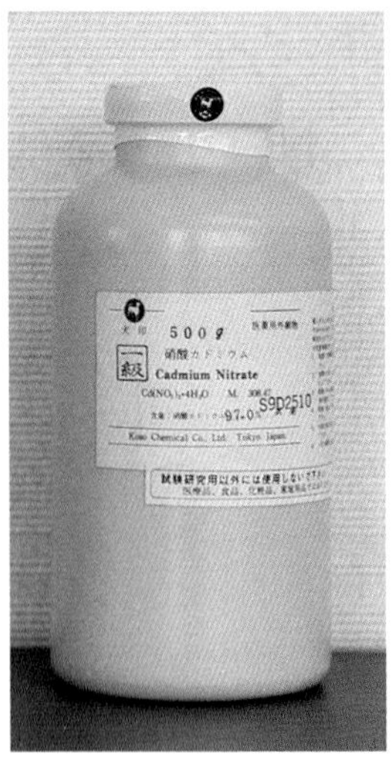


↑500g入りポリエチレン製ビンに収納されている例

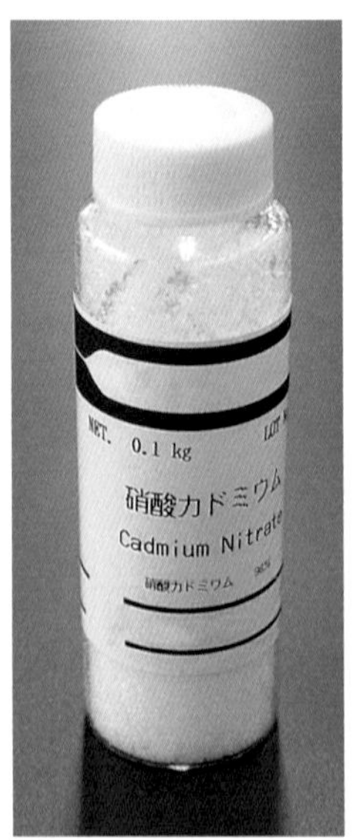

←試料用ガラスビンに収納されている例

# ☠ 70 水 銀

| 品名 | 別名 | 汞、みずかね、クイックシルバー | | | |
|---|---|---|---|---|---|
| | 英語名 | Mercury, Quicksilver | | | |
| | 化学式 | Hg | | | |
| 性状 | 比重 | 蒸気比重 | 融点 | 沸点 | 銀色の液状金属。<br>アルミニウムを強く腐食する。 |
| | 13.6（15℃） | 6.93 | −39℃ | 357℃ | |

| 毒物及び劇物取締法の適用 | 毒 物 | 含有製剤の消防法に基づく届出の要否 | 否 |
|---|---|---|---|

|  |  |
|---|---|
| 水の影響 | 不溶。 |
| 火熱の影響 | 加熱すると有毒な水銀蒸気が発生する。 |
| 漏えい時の措置 | 漏えいした液は容器にできるだけ回収し、更に土砂等を混ぜて全量回収した後、そのあとを多量の水で洗い流す。 |
| 火災時の措置 | （周辺火災の場合）<br>速やかに容器を安全な場所に移動する。移動不可能な場合は、噴霧注水により容器及び周囲を冷却する。 |
| 人体への影響 | 吸入―口内炎、呼吸困難、気管支炎等を起こす。<br>皮膚―付着したまま放置すると、吸入・吸収するので注意する。<br>眼――異物感があり、粘膜を刺激する。 |

| $LD_{50}$ | ―― | $LC_{50}$ | ―― | 許容濃度 | 0.05mg／$m^3$ |
|---|---|---|---|---|---|

| 用途 | 乾電池、水銀塩類、蛍光灯、体温計、アマルガム。 |
|---|---|

| CAS No. | 7439－97－6 | 国連番号 | 2809（等級８） |
|---|---|---|---|

⇧34.5kg入り鉄筒容器に収納し、貯蔵されている例

⇩ガラス製小びんに収納されている例

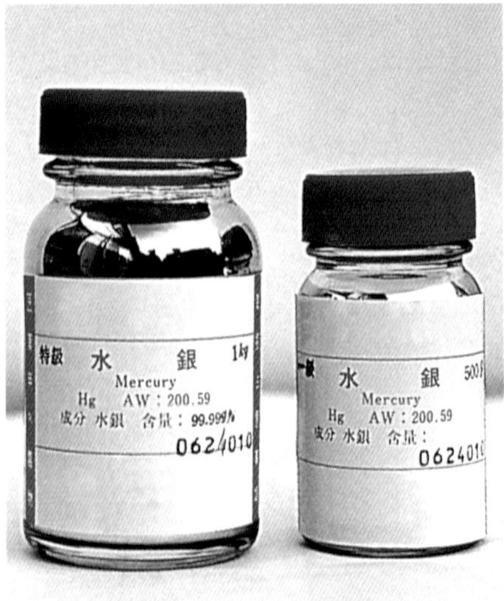


⇩水銀そのものを、シャーレに取り出した例

# 71 水酸化バリウム

| | | | | | |
|---|---|---|---|---|---|
| 品名 | 別名 | ―――― | | | |
| | 英語名 | Barium Hydroxide | | | |
| | 化学式 | $Ba(OH)_2$ | | | |
| 性状 | 比重 | 蒸気比重 | 融点 | 沸点 | 白色無定形の粉末。無水物のほか、一、八水和物もある。不燃性。 |
| | 4.495 | ―― | 408℃ | ―― | |
| 毒物及び劇物取締法の適用 | 劇物 | 含有製剤の消防法に基づく届出の要否 | 否 | | |
| 水の影響 | やや溶けやすい。 | | | | |
| 火熱の影響 | 加熱すると分解し、有毒で腐食性のガスを発生する。 | | | | |
| 漏えい時の措置 | 飛散したものは容器にできるだけ回収し、そのあとを希硫酸を用いて中和した後、多量の水で洗い流す。この場合、濃厚な廃液が河川等に排出されないよう注意する。 | | | | |
| 火災時の措置 | (周辺火災の場合)<br>速やかに容器を安全な場所に移動する。移動不可能な場合は、噴霧注水により容器及び周囲を冷却する。 | | | | |
| 人体への影響 | 吸入―鼻、のど、気管支、肺等の粘膜を刺激し、炎症を起こす。<br>皮膚―皮膚を刺激し、炎症を起こす。<br>眼――結膜や角膜が激しく侵され、失明することがある。 | | | | |
| | $LD_{50}$ | 103mg/kg(マ) | $LC_{50}$ | ―――― | 許容濃度 0.5mg/$m^3$ (Baとして) |
| 用途 | バリウム塩類、有機合成、樹脂安定剤、試薬。 | | | | |
| CAS No. | 17194－00－2 | 国連番号 | 1564(等級6.1) | | |

←倉庫にクラフト紙袋で貯蔵されている例

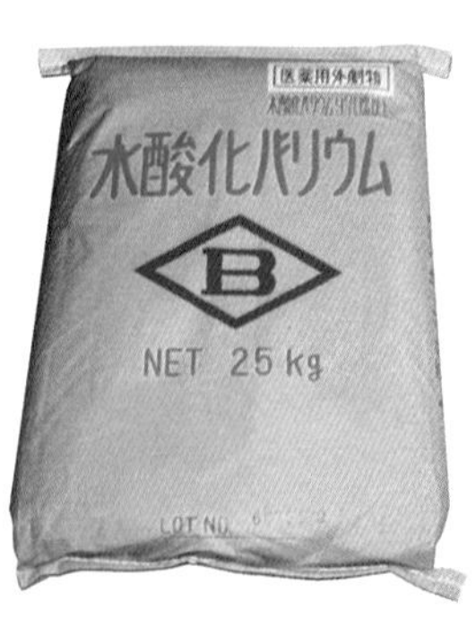


→25kg入りクラフト紙袋に収納されている水酸化バリウム（八水和物）の例

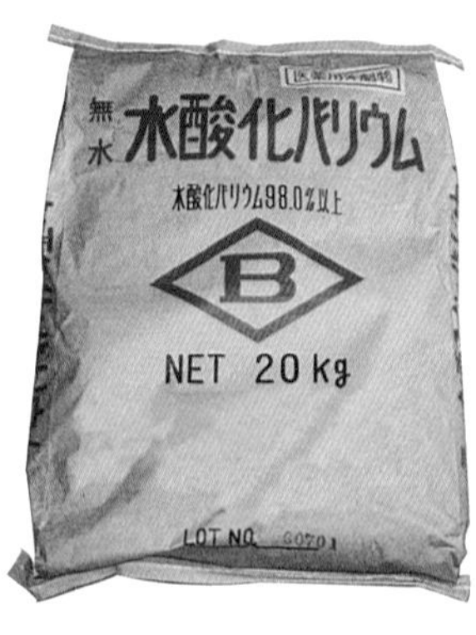


←20kg入りクラフト紙袋に収納されている水酸化バリウム（無水物）の例

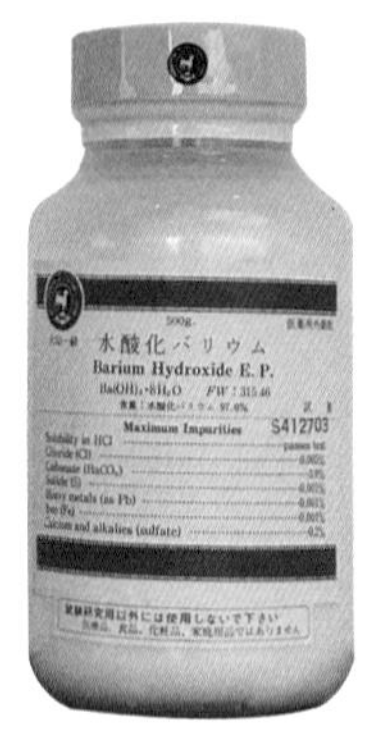

→試薬ビン入りと水酸化バリウムそのものの姿

# 72 ステアリン酸鉛

| | | |
|---|---|---|
| 品名 | 別名 | ―――― |
| | 英語名 | Lead Stearate |
| | 化学式 | $Pb(C_{17}H_{35}COO)_2$ |

| 性状 | 比重 | 蒸気比重 | 融点 | 沸点 | |
|---|---|---|---|---|---|
| | 1.34～1.4 | ―― | 100～115℃ | ―― | 白色又は微黄色粉末。 |

| 毒物及び劇物取締法の適用 | 劇物 | 含有製剤の消防法に基づく届出の要否 | 否 |
|---|---|---|---|

| | |
|---|---|
| 水の影響 | 難溶。 |
| 火熱の影響 | 加熱すると120℃付近で溶融し、流れ出し、更に強熱すると燃焼して有毒な酸化鉛(Ⅱ)の煙霧を発生する。 |
| 漏えい時の措置 | 飛散したものは容器にできるだけ回収し、そのあとを多量の水で洗い流す。流す場合には中性洗剤等の分散剤を使用する。 |
| 火災時の措置 | (周辺火災の場合)<br>速やかに容器を安全な場所に移動する。移動不可能な場合は、噴霧注水により容器及び周囲を冷却する。<br>(着火した場合)<br>多量の水を用いて消火する。 |
| 人体への影響 | 吸入―鉛中毒を起こすことがある。<br>皮膚―皮膚に吸収されやすく、放置すると鉛中毒を起こすことがある。<br>眼――異物感を与え、粘膜を刺激する。 |

| LD50 | ―――― | LC50 | ―――― | 許容濃度 | 0.1mg／m³ (Pbとして) |
|---|---|---|---|---|---|

| | |
|---|---|
| 用途 | 極圧添加剤、ワニスの乾燥剤、船底塗料、パラフィンロウのカタサ増進剤、塩化ビニル安定剤。 |

| CAS No. | | 国連番号 | |
|---|---|---|---|

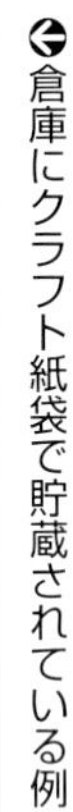
倉庫にクラフト紙袋で貯蔵されている例

試料用ガラスビンに収納されている例

20kg入りクラフト紙袋に収納されている例

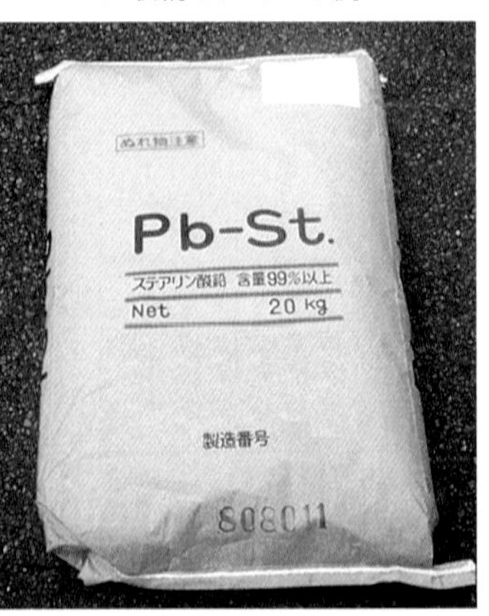

# ☠ 73 セレン

<table>
<tr><td rowspan="3">品名</td><td>別名</td><td colspan="6">セレニウム</td></tr>
<tr><td>英語名</td><td colspan="6">Selenium</td></tr>
<tr><td>化学式</td><td colspan="6">Se</td></tr>
<tr><td rowspan="2">性状</td><td>比重</td><td>蒸気比重</td><td>融点</td><td>沸点</td><td colspan="3" rowspan="2">赤褐色塊状又は暗灰色粉末。</td></tr>
<tr><td>4.8</td><td>——</td><td>217℃</td><td>685℃</td></tr>
<tr><td colspan="3">毒物及び劇物取締法の適用</td><td colspan="2">毒　物</td><td colspan="2">含有製剤の消防法に基づく届出の要否</td><td>否</td></tr>
<tr><td>水の影響</td><td colspan="7">不溶。</td></tr>
<tr><td>火熱の影響</td><td colspan="7">加熱すると燃焼して有毒な酸化セレン(Ⅳ)の煙霧を発生する。</td></tr>
<tr><td>漏えい時の措置</td><td colspan="7">飛散したものは容器にできるだけ回収し、そのあとを多量の水で洗い流す。</td></tr>
<tr><td>火災時の措置</td><td colspan="7">(周辺火災の場合)<br>速やかに容器を安全な場所に移動する。移動不可能な場合は、噴霧注水により容器及び周囲を冷却する。<br>(着火した場合)<br>飛散に留意し、多量の水を用いて消火する。</td></tr>
<tr><td rowspan="2">人体への影響</td><td colspan="7">吸入—鼻、のどを刺激し、肺炎を起こすこともある。<br>皮膚—激痛、皮膚炎を起こす。<br>眼——異物感を与え、粘膜を刺激する。</td></tr>
<tr><td>$LD_{50}$</td><td>6,700mg／kg(ラ)</td><td>$LC_{50}$</td><td colspan="2">——</td><td>許容濃度</td><td>0.1mg ／ $m^3$</td></tr>
<tr><td>用途</td><td colspan="7">乾式複写機感光体、光電池、整流器、ガラスの着色・脱色。</td></tr>
<tr><td colspan="2">CAS No.</td><td colspan="2">7782－49－2</td><td colspan="2">国連番号</td><td colspan="2">3283（等級 6.1）</td></tr>
</table>

➡金属缶に収納され、建物の一室に保管されている例

➡金属缶の状況
大きさは石油缶と同程度であるが、天板全部が上ぶたになっており、ビニルテープで密封されている。

➡セレンそのものをシャーレに取り出した状態

# 74 炭酸バリウム

<table>
<tr><td rowspan="3">品名</td><td>別名</td><td colspan="6">炭酸重土</td></tr>
<tr><td>英語名</td><td colspan="6">Barium Carbonate</td></tr>
<tr><td>化学式</td><td colspan="6">$BaCO_3$</td></tr>
<tr><td rowspan="2">性状</td><td>比重</td><td>蒸気比重</td><td>融点</td><td>沸点</td><td colspan="3" rowspan="2">白色粉末。</td></tr>
<tr><td>4.43</td><td>——</td><td>1,740℃</td><td>——</td></tr>
<tr><td colspan="3">毒物及び劇物取締法の適用</td><td>劇物</td><td colspan="3">含有製剤の消防法に基づく届出の要否</td><td>否</td></tr>
<tr><td>水の影響</td><td colspan="7">溶けにくい。</td></tr>
<tr><td>火熱の影響</td><td colspan="7">なし。</td></tr>
<tr><td>漏えい時の措置</td><td colspan="7">飛散したものは容器にできるだけ回収し、そのあとを多量の水で洗い流す。</td></tr>
<tr><td>火災時の措置</td><td colspan="7">(周辺火災の場合)<br>速やかに容器を安全な場所に移動する。移動不可能な場合は、噴霧注水により容器及び周囲を冷却する。</td></tr>
<tr><td rowspan="2">人体への影響</td><td colspan="7">吸入—はなはだしい場合には鼻、のど、気管支、肺等の粘膜を刺激し、炎症を起こすことがある。<br>眼——異物感を与え、粘膜を刺激する。</td></tr>
<tr><td>$LD_{50}$</td><td>200mg／kg(マ)</td><td>$LC_{50}$</td><td>——</td><td>許容濃度</td><td colspan="2">0.5mg／$m^3$<br>(Baとして)</td></tr>
<tr><td>用途</td><td colspan="7">試薬、ガラス製造、管球・光学ガラス、蓄電池、金属熱処理剤、染色、窯業、顔料。</td></tr>
<tr><td>CAS No.</td><td colspan="2">513−77−9</td><td colspan="2">国連番号</td><td colspan="3">1564（等級 6.1）</td></tr>
</table>

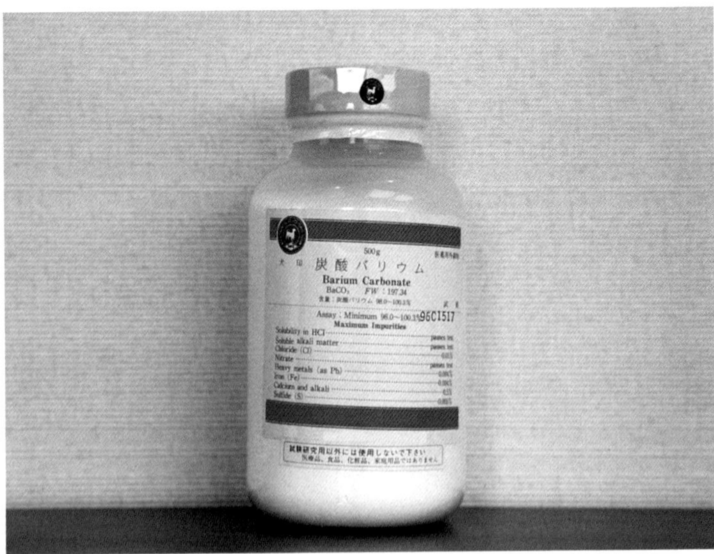


⬆⬇500g入り試薬ビンに収納されている例

# 75 チタン酸バリウム

<table>
<tr><td rowspan="3">品名</td><td>別名</td><td colspan="6">――</td></tr>
<tr><td>英語名</td><td colspan="6">Barium Titanate</td></tr>
<tr><td>化学式</td><td colspan="6">$BaTiO_3$</td></tr>
<tr><td rowspan="2">性状</td><td>比重</td><td>蒸気比重</td><td>融点</td><td>沸点</td><td colspan="3" rowspan="2">白色の結晶性粉末。</td></tr>
<tr><td>6.01</td><td>――</td><td>1,625℃</td><td>――</td></tr>
<tr><td colspan="2">毒物及び劇物取締法の適用</td><td>劇　物</td><td colspan="3">含有製剤の消防法に基づく届出の要否</td><td>否</td></tr>
<tr><td>水の影響</td><td colspan="7">ほとんど溶けない。</td></tr>
<tr><td>火熱の影響</td><td colspan="7">なし。</td></tr>
<tr><td>漏えい時の措置</td><td colspan="7">飛散したものは空容器にできるだけ回収し、そのあとを多量の水で洗い流す。少量の場合は掃き取るか掃除機で吸い取る。</td></tr>
<tr><td>火災時の措置</td><td colspan="7">(周辺火災の場合)<br>速やかに容器を安全な場所に移動する。移動不可能な場合は、噴霧注水により容器及び周囲を冷却する。</td></tr>
<tr><td rowspan="2">人体への影響</td><td colspan="7">吸入―はなはだしい場合には鼻、のど、気管支、肺等の粘膜を刺激し、炎症を起こすことがある。<br>眼――異物感を与え、粘膜を刺激する。</td></tr>
<tr><td>$LD_{50}$</td><td>12g／kg(ラ)以上</td><td>$LC_{50}$</td><td>――</td><td>許容濃度</td><td colspan="2">4mg／$m^3$<br>(総粉塵)</td></tr>
<tr><td>用途</td><td colspan="7">強誘電性セラミックス、蓄電装置、誘電増幅器、デジタル計算器。</td></tr>
<tr><td colspan="2">CAS No.</td><td colspan="2"></td><td>国連番号</td><td colspan="3"></td></tr>
</table>

25kg入りクラフト紙袋に収納されている例

チタン酸バリウムそのものの姿

# 76 鉛酸カルシウム

<table>
<tr><td rowspan="3">品名</td><td>別　　名</td><td colspan="7">――――</td></tr>
<tr><td>英 語 名</td><td colspan="7">Calcium Plumbate</td></tr>
<tr><td>化 学 式</td><td colspan="7">$2CaO \cdot PbO_2$（$Ca_2PbO_4$）</td></tr>
<tr><td rowspan="2">性状</td><td>比 重</td><td>蒸気比重</td><td>融 点</td><td>沸 点</td><td colspan="4" rowspan="2">淡黄色又は淡褐色粉末。</td></tr>
<tr><td>5.71</td><td>――</td><td>≧950℃（分解）</td><td>――</td></tr>
<tr><td colspan="3">毒物及び劇物取締法の適用</td><td colspan="2">劇　物</td><td colspan="3">含有製剤の消防法に基づく届出の要否</td><td>否</td></tr>
<tr><td>水の影響</td><td colspan="8">不溶。</td></tr>
<tr><td>火熱の影響</td><td colspan="8">加熱すると有毒な酸化鉛（Ⅱ）の煙霧を発生する。</td></tr>
<tr><td>漏えい時の措置</td><td colspan="8">飛散したものは容器にできるだけ回収し、そのあとを多量の水で洗い流す。この場合、濃厚な廃液が河川等に排出されないように注意する。</td></tr>
<tr><td>火災時の措置</td><td colspan="8">（周辺火災の場合）<br>速やかに容器を安全な場所へ移動する。移動不可能な場合は、噴霧注水により容器及び周囲を冷却する。</td></tr>
<tr><td rowspan="2">人体への影響</td><td colspan="8">吸入―鉛中毒を起こすことがある。<br>眼――異物感を与え、粘膜を激しく刺激する。</td></tr>
<tr><td>$LD_{50}$</td><td>430mg／kg（ラ）<br>（PbO）</td><td>$LC_{50}$</td><td colspan="2">――――</td><td>許容濃度</td><td colspan="2">0.1mg／$m^3$<br>（Pbとして）</td></tr>
<tr><td>用途</td><td colspan="8">酸化剤、花火製造と安全マッチ、ガラス、蓄電池。</td></tr>
<tr><td colspan="2">CAS No.</td><td colspan="3"></td><td colspan="2">国連番号</td><td colspan="2"></td></tr>
</table>

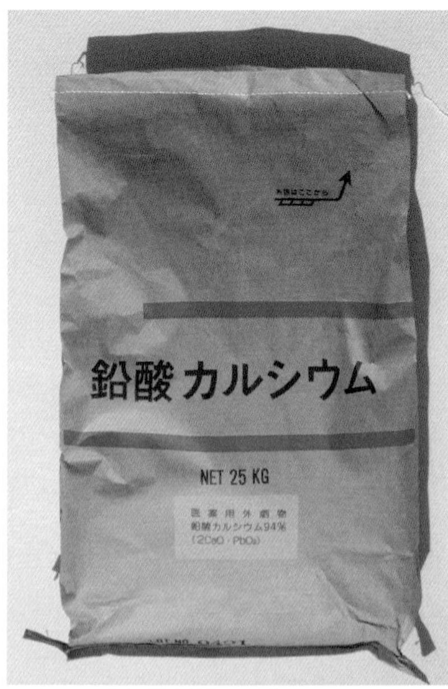


➔25kg入りクラフト紙袋に収納されている例

➔鉛酸カルシウムそのものの姿

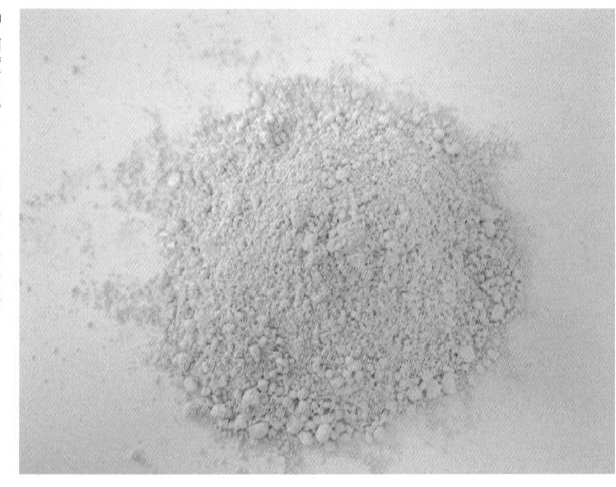

# 77 二塩基性亜硫酸鉛

| | | | | | | | |
|---|---|---|---|---|---|---|---|
| 品名 | 別名 | 二酸化亜硫酸三鉛 | | | | | |
| | 英語名 | Dibasic Lead Sulfite, Trilead Dioxide Sulfite | | | | | |
| | 化学式 | $2PbO \cdot PbSO_3 \cdot 0.5H_2O$ | | | | | |
| 性状 | 比重 | 蒸気比重 | 融点 | 沸点 | 白色粉末。 | | |
| | 6.1 | —— | 322℃(分解) | —— | | | |
| 毒物及び劇物取締法の適用 | | 劇物 | | 含有製剤の消防法に基づく届出の要否 | | 否 | |
| 水の影響 | 難溶。 | | | | | | |
| 火熱の影響 | 加熱すると有毒な酸化鉛(Ⅱ)の煙霧及びガスを発生する。 | | | | | | |
| 漏えい時の措置 | 飛散したものは空容器にできるだけ回収し、そのあとを多量の水で洗い流す。洗い流す場合には、中性洗剤等の分散剤を使用する。この場合、濃厚な廃液が河川等に排出されないように注意する。 | | | | | | |
| 火災時の措置 | (周辺火災の場合)<br>速やかに容器を安全な場所に移動する。移動不可能な場合は、噴霧注水により容器及び周囲を冷却する。 | | | | | | |
| 人体への影響 | 吸入—鉛中毒を起こすことがある。<br>眼——異物感を与え、粘膜を刺激する。 | | | | | | |
| | $LD_{50}$ | —— | $LC_{50}$ | —— | 許容濃度 | 0.1mg/m³ (Pbとして) | |
| 用途 | プラスチック用安定剤。 | | | | | | |
| CAS No. | | | 国連番号 | | | | |

🡅20kg入りクラフト紙袋に収納されている例

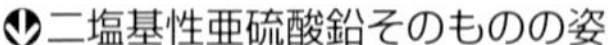

🡇二塩基性亜硫酸鉛そのものの姿

# 78 二塩基性亜りん酸鉛

<table>
<tr><td rowspan="3">品名</td><td>別名</td><td colspan="7">亜りん酸水素鉛</td></tr>
<tr><td>英語名</td><td colspan="7">Dibasic Lead Phosphite</td></tr>
<tr><td>化学式</td><td colspan="7">$2PbO \cdot PbHPO_3 \cdot 0.5H_2O$</td></tr>
<tr><td rowspan="2">性状</td><td>比重</td><td>蒸気比重</td><td>融点</td><td>沸点</td><td colspan="4" rowspan="2">白色粉末。</td></tr>
<tr><td>6.9</td><td>——</td><td>235℃(分解)</td><td>——</td></tr>
<tr><td colspan="3">毒物及び劇物取締法の適用</td><td>劇物</td><td colspan="3">含有製剤の消防法に基づく届出の要否</td><td colspan="2">否</td></tr>
<tr><td>水の影響</td><td colspan="8">難溶。</td></tr>
<tr><td>火熱の影響</td><td colspan="8">加熱すると有毒な酸化鉛(Ⅱ)の煙霧を発生する。</td></tr>
<tr><td>漏えい時の措置</td><td colspan="8">飛散したものは容器にできるだけ回収し、そのあとを多量の水で洗い流す。洗い流す場合には中性洗剤等の分散剤を使用する。</td></tr>
<tr><td>火災時の措置</td><td colspan="8">(周辺火災の場合)<br>速やかに容器を安全な場所に移動する。移動不可能な場合は、噴霧注水により容器及び周囲を冷却する。<br>(着火した場合)<br>多量の水を用いて消火する。</td></tr>
<tr><td rowspan="2">人体への影響</td><td colspan="8">吸入—鉛中毒を起こすことがある。<br>眼——異物感を与え、粘膜を刺激する。</td></tr>
<tr><td>$LD_{50}$</td><td>6,000mg/kg(ラ)</td><td>$LC_{50}$</td><td colspan="2">——</td><td>許容濃度</td><td colspan="2">0.1mg/$m^3$(Pbとして)</td></tr>
<tr><td>用途</td><td colspan="8">塩化ビニル安定剤。</td></tr>
<tr><td>CAS No.</td><td colspan="3">16038-76-9</td><td colspan="2">国連番号</td><td colspan="3">2989(等級4.1)</td></tr>
</table>

↑倉庫に貯蔵されている例

→20kg入りクラフト紙袋に収納されている例

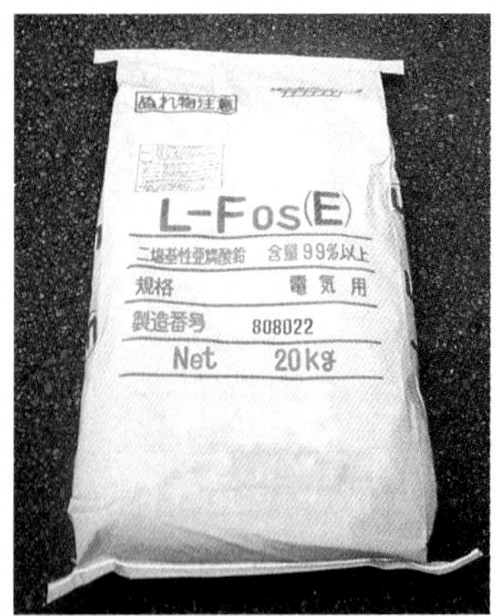


←試料用ガラスビンに収納されている例

→15kg入りクラフト紙袋に収納されている例

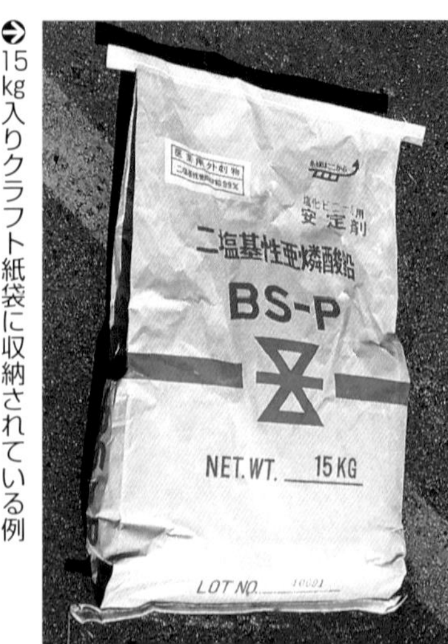

# 79 二塩基性ステアリン酸鉛

<table>
<tr><td rowspan="3">品名</td><td>別名</td><td colspan="6">———</td></tr>
<tr><td>英語名</td><td colspan="6">Dibasic Lead Stearate</td></tr>
<tr><td>化学式</td><td colspan="6">$2PbO \cdot Pb(C_{17}H_{35}COO)_2$</td></tr>
<tr><td rowspan="2">性状</td><td>比重</td><td>蒸気比重</td><td>融点</td><td>沸点</td><td colspan="3" rowspan="2">白色粉末。</td></tr>
<tr><td>2.02</td><td>——</td><td>280℃（分解）</td><td>——</td></tr>
<tr><td colspan="3">毒物及び劇物取締法の適用</td><td>劇物</td><td colspan="2">含有製剤の消防法に基づく届出の要否</td><td colspan="2">否</td></tr>
<tr><td>水の影響</td><td colspan="7">難溶。</td></tr>
<tr><td>火熱の影響</td><td colspan="7">加熱すると300℃付近で溶融し、流れ出し、更に強熱すると燃焼して有毒な酸化鉛（Ⅱ）の煙霧を発生する。</td></tr>
<tr><td>漏えい時の措置</td><td colspan="7">飛散したものは容器にできるだけ回収し、そのあとを多量の水で洗い流す。流す場合には中性洗剤等の分散剤を使用する。</td></tr>
<tr><td>火災時の措置</td><td colspan="7">（周辺火災の場合）<br>速やかに容器を安全な場所に移動する。移動不可能な場合は、噴霧注水により容器及び周囲を冷却する。<br>（着火した場合）<br>多量の水を用いて消火する。</td></tr>
<tr><td rowspan="2">人体への影響</td><td colspan="7">吸入—鉛中毒を起こすことがある。<br>皮膚—皮膚に吸収されやすく、放置すると鉛中毒を起こすことがある。<br>眼——異物感を与え、粘膜を刺激する。</td></tr>
<tr><td>$LD_{50}$</td><td>6,000mg／kg（ラ）</td><td>$LC_{50}$</td><td colspan="2">———</td><td>許容濃度</td><td>0.1mg／$m^3$（Pbとして）</td></tr>
<tr><td>用途</td><td colspan="7">塩化ビニル安定剤。</td></tr>
<tr><td colspan="2">CAS No.</td><td colspan="2">1072－35－1</td><td colspan="2">国連番号</td><td colspan="2">2811（等級6.1）</td></tr>
</table>

↑倉庫にクラフト紙袋で貯蔵されている例

↓二塩基性ステアリン酸鉛そのものの姿

↓15kg入りクラフト紙袋に収納されている例

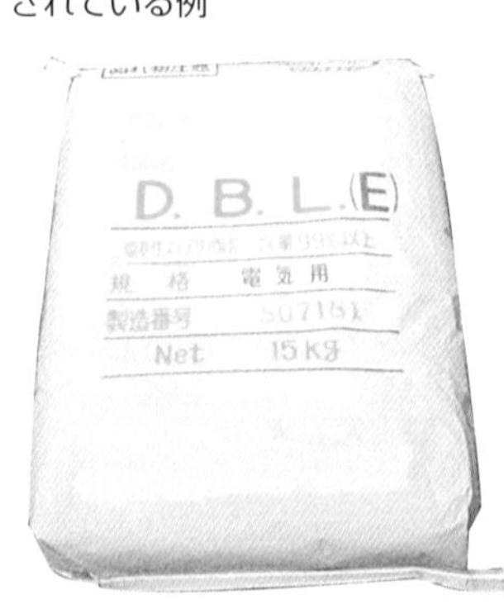

# 80　二酸化鉛

<table>
<tr><td rowspan="3">品名</td><td>別名</td><td colspan="7">酸化鉛(Ⅳ)、酸化第二鉛、過酸化鉛</td></tr>
<tr><td>英語名</td><td colspan="7">Lead Peroxide, Lead Dioxide</td></tr>
<tr><td>化学式</td><td colspan="7">$PbO_2$</td></tr>
<tr><td rowspan="2">性状</td><td>比重</td><td>蒸気比重</td><td>融点</td><td>沸点</td><td colspan="4" rowspan="2">茶褐色粉末。<br>光分解を受けて四酸化三鉛と酸素になる。</td></tr>
<tr><td>約 9.3</td><td>——</td><td>約360℃(分解)</td><td>——</td></tr>
<tr><td colspan="3">毒物及び劇物取締法の適用</td><td colspan="2">劇物</td><td colspan="3">含有製剤の消防法に基づく届出の要否</td><td>否</td></tr>
<tr><td>水の影響</td><td colspan="8">不溶。<br>(還元剤や微粉末の金属との接触は避けること(本剤は強酸化剤)。)</td></tr>
<tr><td>火熱の影響</td><td colspan="8">加熱すると約 360℃で酸素を放って三酸化二鉛(有毒)を生ずる。<br>更に高温では、四酸化三鉛と酸素に分解する。</td></tr>
<tr><td>漏えい時の措置</td><td colspan="8">できるだけ安全に、漏えいしたものを集めて密閉容器に回収する。<br>可燃物を漏えいしたものから離しておくこと。</td></tr>
<tr><td>火災時の措置</td><td colspan="8">(周辺火災の場合)<br>速やかに容器を安全な場所へ移動する。移動不可能な場合には、噴霧注水により容器及び周囲を冷却する。</td></tr>
<tr><td rowspan="2">人体への影響</td><td colspan="8">吸入—鼻、のどを刺激する。はなはだしい場合には食欲がなくなり、頭痛、腹痛や吐き気、おう吐、筋肉のけいれんを起こす。<br>皮膚—刺激して、炎症を起こす(かゆみ、発疹)。<br>眼——粘膜を刺激する。場合によっては結膜炎になることがある。</td></tr>
<tr><td>$LD_{50}$</td><td colspan="2">220mg／kg(モ)</td><td>$LC_{50}$</td><td colspan="2">——</td><td>許容濃度</td><td>0.1mg／$m^3$<br>(Pbとして)</td></tr>
<tr><td>用途</td><td colspan="8">工業用酸化剤、電池の製造、試薬、ゴムの硬化剤。</td></tr>
<tr><td colspan="2">CAS No.</td><td colspan="3"></td><td colspan="2">国連番号</td><td colspan="2">1872（等級 5.1）</td></tr>
</table>

➔25kg入りのダンボールに収納されている例

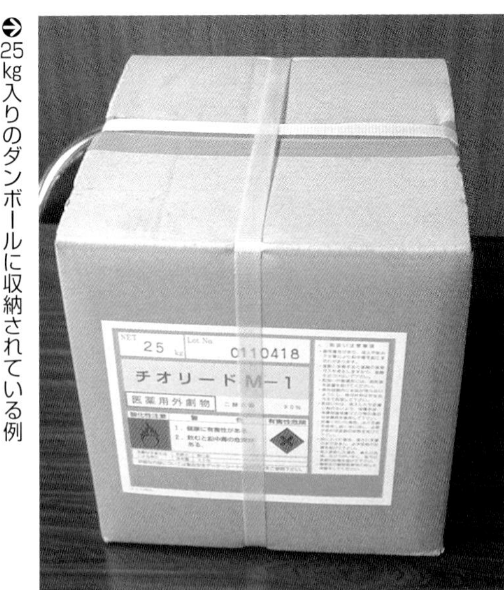


➔二酸化鉛そのものの姿

# 81 発煙硫酸

| 品名 | 別名 | オレウム、二硫酸、ピロ硫酸 | | | | |
|---|---|---|---|---|---|---|
| | 英語名 | Fuming Sulfuric Acid, Oleum | | | | |
| | 化学式 | $H_2SO_4 \cdot nSO_3$ | | | | |
| 性状 | 比重 | 蒸気比重 | 融点 | 沸点 | 無色透明油状の液体、空気中で発煙、刺激臭。不燃性。 | |
| | 1.9 | 2.75 | 35℃ | —— | | |
| 毒物及び劇物取締法の適用 | 劇物 | | 含有製剤の消防法に基づく届出の要否 | 否 | | |
| 水の影響 | 激しく反応し、発熱する。<br>水分の存在下においては、大部分の金属を強く腐食する。 | | | | | |
| 火熱の影響 | 加熱すると有毒ガス(三酸化イオウ)が大量に発生する。<br>加熱により容器が破裂する。 | | | | | |
| 漏えい時の措置 | 漏えいした液は土砂等に吸収させ除去するか、又は水で徐々に希釈した後、消石灰、ソーダ灰等で中和し、多量の水で洗い流す。この場合、濃厚な廃液が河川等に排出されないように注意する。 | | | | | |
| 火災時の措置 | (周辺火災の場合)<br>速やかに容器を安全な場所に移動する。移動不可能な場合は、噴霧注水により容器及び周囲を冷却する。 | | | | | |
| 人体への影響 | 吸入—気管、肺組織が侵され、意識不明となることもある。<br>皮膚—重症の薬傷を起こす。<br>眼——粘膜を激しく刺激し、失明することがある。 | | | | | |
| | $LD_{50}$ | 2.14g/kg(ラ) | $LC_{50}$ | 347ppm/hr(ラ) | 許容濃度 | 1mg/$m^3$ |
| 用途 | 医薬品原料、有機合成原料、爆薬原料。 | | | | | |
| CAS No. | 8014-95-7 | 国連番号 | 1831(等級8) | | | |

↑横置円筒型屋外タンクで発煙硫酸が貯蔵されている例

↓↘ガラスビンに収納されている例

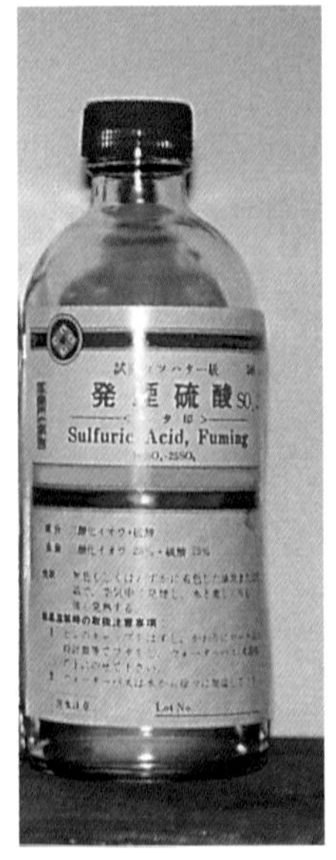


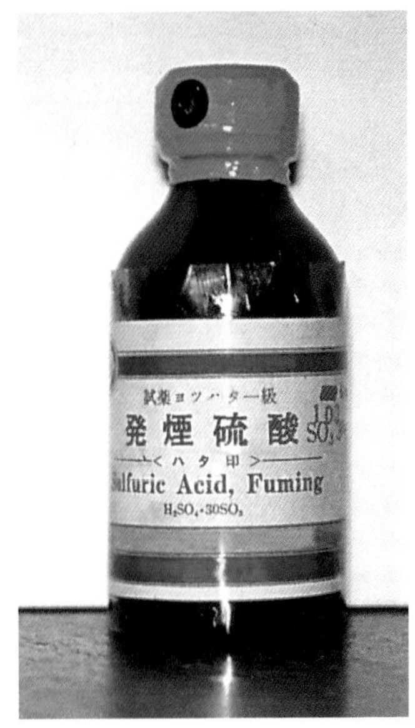

# ☠82 ひ化水素（水素化ヒ素）

<table>
<tr><td rowspan="3">品名</td><td>別名</td><td colspan="6">アルシン、水素化ヒ素</td></tr>
<tr><td>英語名</td><td colspan="6">Hydrogen Arsenide, Arsine, Arsenic Trihydride, Arsenic Hydride</td></tr>
<tr><td>化学式</td><td colspan="6">$AsH_3$</td></tr>
<tr><td rowspan="2">性状</td><td>比重</td><td>蒸気比重</td><td>融点</td><td>沸点</td><td colspan="3" rowspan="2">不快なニンニク臭の無色気体（ボンベに貯蔵されている）。可燃性。</td></tr>
<tr><td>1.6</td><td>2.7</td><td>−114℃</td><td>−55℃</td></tr>
<tr><td colspan="3">毒物及び劇物取締法の適用</td><td colspan="2">毒物</td><td>含有製剤の消防法に基づく届出の要否</td><td colspan="2">要</td></tr>
<tr><td>水の影響</td><td colspan="7">やや溶けやすい。</td></tr>
<tr><td>火熱の影響</td><td colspan="7">燃焼すると酸化ヒ素（Ⅲ）の煙霧が発生する。煙霧は、少量の吸入であっても強い溶血作用があるので注意する。<br>ボンベ加熱による破裂、噴出の危険がある。</td></tr>
<tr><td>漏えい時の措置</td><td colspan="7">着火源を排除し、バルブの閉止等により漏えいを止める。<br>ボンベを多量の水酸化ナトリウム水溶液と酸化剤（次亜塩素酸ナトリウム、さらし粉等）の水溶液の混合溶液に容器ごと投入してガスを吸収させ、酸化処理する。なお、この処理液も適切に処理する必要がある。</td></tr>
<tr><td>火災時の措置</td><td colspan="7">（周辺火災の場合）<br>速やかに容器を安全な場所に移動する。移動不可能な場合は、容器の破裂に留意し、噴霧注水により容器及び周囲を冷却する。<br>（着火した場合）<br>漏えいが止められない場合は燃焼を継続させ、容器の冷却を行う。</td></tr>
<tr><td rowspan="2">人体への影響</td><td colspan="7">吸入―鼻、のど、気管支等の粘膜を刺激し、頭痛、おう吐を起こし、高濃度の吸入は、肺水腫を起こし呼吸困難となる。<br>皮膚―しばらく後に、接触部位に湿疹、水疱、炎症を起こす。<br>眼――粘膜を刺激して炎症を起こす。</td></tr>
<tr><td>$LD_{50}$</td><td>3mg／kg（マ）</td><td>$LC_{50}$</td><td>250mg／$m^3$／10min（マ）</td><td>許容濃度</td><td colspan="2">0.01ppm</td></tr>
<tr><td>用途</td><td colspan="7">有機合成原料、半導体製造。</td></tr>
<tr><td colspan="2">CAS No.</td><td colspan="2">7784－42－1</td><td>国連番号</td><td colspan="3">2188（等級 2.3）</td></tr>
</table>

⬆ボンベに入った状態で、他の毒性ガスと一緒に貯蔵されている例

⬅前掲写真のクローズアップ
本ガスを窒素ガスやアルゴンガスで希釈して使用される。

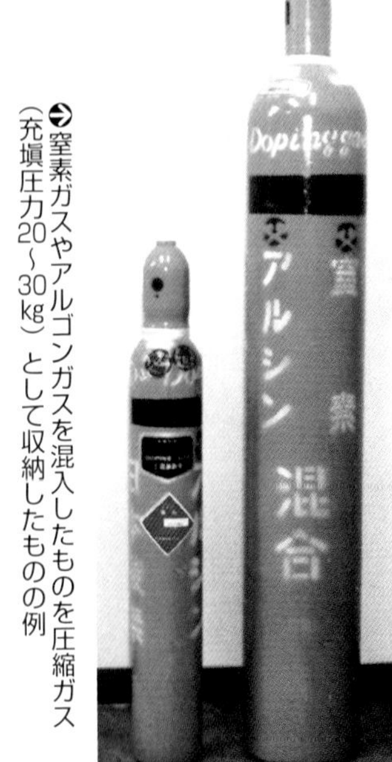


➡窒素ガスやアルゴンガスを混入したものを圧縮ガス（充填圧力20～30kg）として収納したものの例

# ☠ 83 ひ　酸

<table>
<tr><td rowspan="3">品名</td><td>別　　名</td><td colspan="5">オルトヒ酸</td></tr>
<tr><td>英 語 名</td><td colspan="5">Arsenic Acid</td></tr>
<tr><td>化 学 式</td><td colspan="5">$H_3AsO_4$（通常$H_3AsO_4 \cdot 1/2H_2O$で存在）</td></tr>
<tr><td rowspan="2">性状</td><td>比 重</td><td>蒸気比重</td><td>融 点</td><td>沸 点</td><td colspan="2" rowspan="2">無色吸湿性結晶。</td></tr>
<tr><td>2.0～2.5</td><td>――</td><td>36℃</td><td>160℃</td></tr>
<tr><td colspan="2">毒物及び劇物取締法の適用</td><td>毒　物</td><td colspan="2">含有製剤の消防法に基づく届出の要否</td><td colspan="2">要</td></tr>
<tr><td>水の影響</td><td colspan="6">易溶。<br>水溶液は有毒である。</td></tr>
<tr><td>火熱の影響</td><td colspan="6">加熱すると酸化ヒ素（V）の煙霧が発生する。煙霧は、少量の吸入であっても強い溶血作用があるので注意する。</td></tr>
<tr><td>漏えい時の措置</td><td colspan="6">飛散したものは容器に回収し、そのあとを硫酸第二鉄等の水溶液を散布し、消石灰、ソーダ灰等の水溶液を用いて処理した後、多量の水で洗い流す。この場合、濃厚な廃液が河川等に排出されないように注意する。</td></tr>
<tr><td>火災時の措置</td><td colspan="6">（周辺火災の場合）<br>速やかに容器を安全な場所に移動する。移動不可能な場合は、噴霧注水により容器及び周囲を冷却する。</td></tr>
<tr><td rowspan="2">人体への影響</td><td colspan="6">吸入―鼻、のど、気管支等の粘膜を刺激し、頭痛、腹痛等を起こし、高濃度の吸入は、肺水腫、呼吸困難を起こす。<br>皮膚―しばらく後に、接触部位に湿疹、水疱、炎症を起こす。<br>眼――粘膜を刺激し、炎症を起こす。</td></tr>
<tr><td>$LD_{50}$</td><td>48mg／kg（ラ）</td><td>$LC_{50}$</td><td>――</td><td>許容濃度</td><td>0.5mg／$m^3$<br>（Asとして）</td></tr>
<tr><td>用途</td><td colspan="6">木材防腐剤、ヒ酸塩、医薬、有機色素工業。</td></tr>
<tr><td colspan="2">CAS No.</td><td colspan="2">7778－39－4</td><td>国連番号</td><td colspan="2">1554（等級 6.1）</td></tr>
</table>

ビン入りのものをダンボール箱に収納し、貯蔵している例

ビン入りのヒ酸水溶液の例

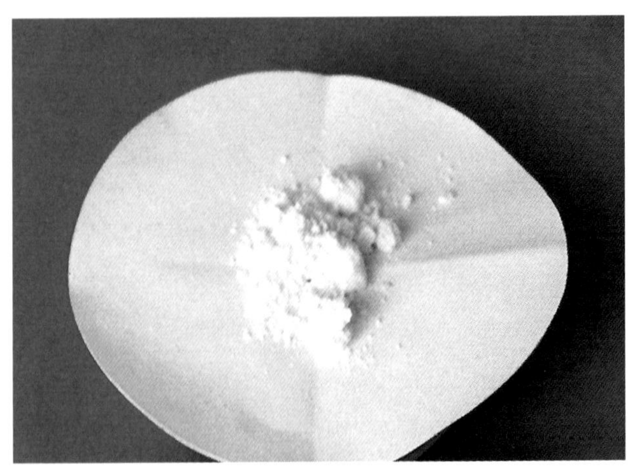

ヒ酸そのものをろ紙の上に取り出した状態

# ☠ 84 ひ素

<table>
<tr><td rowspan="3">品名</td><td>別名</td><td colspan="6">金属ヒ素、灰色ヒ素、黄色ヒ素、黒色ヒ素</td></tr>
<tr><td>英語名</td><td colspan="6">Arsenic</td></tr>
<tr><td>化学式</td><td colspan="6">As</td></tr>
<tr><td rowspan="2">性状</td><td>比重</td><td>蒸気比重</td><td>融点</td><td>沸点</td><td colspan="3" rowspan="2">灰色金属光沢のもろい結晶、黒色結晶又は黄色結晶の3つの変態がある。<br>昇華性(613℃)。</td></tr>
<tr><td>5.7</td><td>7.7</td><td>817℃</td><td>——</td></tr>
<tr><td colspan="2">毒物及び劇物取締法の適用</td><td colspan="2">毒物</td><td colspan="2">含有製剤の消防法に基づく届出の要否</td><td colspan="2">否</td></tr>
<tr><td>水の影響</td><td colspan="7">不溶。</td></tr>
<tr><td>火熱の影響</td><td colspan="7">燃焼すると酸化ヒ素(Ⅲ)の煙霧が発生する。煙霧は、少量の吸入であっても強い溶血作用があるので注意する。</td></tr>
<tr><td>漏えい時の措置</td><td colspan="7">飛散したものは容器に回収し、そのあとを硫酸第二鉄等の水溶液を散布し、消石灰、ソーダ灰等の水溶液を用いて処理した後、多量の水で洗い流す。この場合、濃厚な廃液が河川等に排出されないように注意する。</td></tr>
<tr><td>火災時の措置</td><td colspan="7">(周辺火災の場合)<br>速やかに容器を安全な場所に移動する。移動不可能な場合は、飛散防止に留意し、噴霧注水により容器及び周囲を冷却する。<br>(着火した場合)<br>粉末、$CO_2$ 等を用いて消火する。</td></tr>
<tr><td rowspan="2">人体への影響</td><td colspan="7">吸入—鼻、のど、気管支等の粘膜を刺激し、頭痛、腹痛等を起こし、高濃度の吸入は、肺水腫、呼吸困難を起こす。<br>皮膚—しばらく後に、接触部位に湿疹、水疱、炎症を起こす。<br>眼——粘膜を刺激し、炎症を起こす。</td></tr>
<tr><td>$LD_{50}$</td><td>145mg/kg(マ)</td><td>$LC_{50}$</td><td colspan="2">——</td><td>許容濃度</td><td>0.5mg/$m^3$</td></tr>
<tr><td>用途</td><td colspan="7">合金添加元素(低純度)、半導体(高純度)。</td></tr>
<tr><td colspan="2">CAS No.</td><td colspan="2">7440－38－2</td><td colspan="2">国連番号</td><td colspan="2">1558 (等級 6.1)</td></tr>
</table>

➔ガラス製小ビンに収納されている例

➔ヒ素そのもの（この場合は黒色粉末）をシャーレに取り出した状態

# 85 ピロカテコール

<table>
<tr><td rowspan="3">品名</td><td>別名</td><td colspan="6">カテコール、1,2-ベンゼンジオール、1,2-ジヒドロキシベンゼン</td></tr>
<tr><td>英語名</td><td colspan="6">Pyrocatechol,Catechol,1,2-Benzenediol,1,2-Dihydroxybenzene</td></tr>
<tr><td>化学式</td><td colspan="6">$C_6H_6O_2$ ($C_6H_4(OH)_2$)</td></tr>
<tr><td rowspan="2">性状</td><td>比重</td><td>蒸気比重</td><td>融点</td><td>沸点</td><td colspan="3" rowspan="2">特徴的臭気のある無色（白色）結晶<br>酸化剤と反応し、濃硫酸と混合すると発熱的に反応して発火することがある。</td></tr>
<tr><td>1.34(15℃)</td><td>3.8(空気=1)</td><td>104-105℃</td><td>245℃ (at 1013hpa)</td></tr>
<tr><td colspan="3">毒物及び劇物取締法の適用</td><td colspan="2">劇物</td><td colspan="2">含有製剤の消防法に基づく届出の要否</td><td>要</td></tr>
<tr><td>水の影響</td><td colspan="7">水に可溶<br>エタノール、アセトンに易溶</td></tr>
<tr><td>火熱の影響</td><td colspan="7">加熱により人体に有毒な気体（一酸化炭素等）を発生する。</td></tr>
<tr><td>漏えい時の措置</td><td colspan="7">防水シート等で覆い、飛散拡大防止を図り、容器に回収する。<br>溶液の場合、大量の場合は土砂等で流出拡大防止を図り回収する。<br>少量の場合は乾燥土や砂などにより吸収させて密閉可能な容器に回収する。</td></tr>
<tr><td>火災時の措置</td><td colspan="7">(周辺火災の場合)<br>移動可能な容器は、速やかに安全な場所に移す。移動不可能なときは、散水して容器を冷却する。関係者以外の立入を禁止する。<br>着火直後は、多量の水で消火する。<br>適応消火剤は、水噴霧、炭酸ガス、泡及び粉末消火器。<br>消火の際は、風上から呼吸保護具等を着用して作業を行う。</td></tr>
<tr><td rowspan="2">人体への影響</td><td colspan="7">吸入—気道を刺激し、灼熱感、咳、息苦しさを起こす。<br>皮膚—皮膚を刺激し、発赤を起こす。反復又は長期の接触により、皮膚感作性を引き起こすことがある。<br>眼——発赤、痛み、重度の熱傷を起こす。</td></tr>
<tr><td>$LD_{50}$</td><td>300mg／kg(ラ)</td><td>$LC_{50}$</td><td colspan="2">——</td><td>許容濃度</td><td>5ppm(skin)</td></tr>
<tr><td>用途</td><td colspan="7">医薬品・農薬の合成原料及びメッキ処理剤の原料など。</td></tr>
<tr><td colspan="2">CAS No.</td><td colspan="2">120-80-9</td><td>国連番号</td><td colspan="3">2811（等級6.1）</td></tr>
</table>

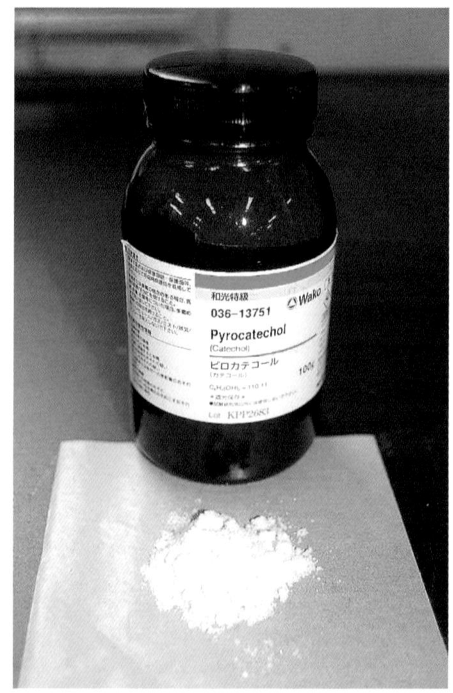


⬆収納ガラスビンとピロカテコールそのものの姿

出典：消防庁ホームページ　消防の動き'15年６月号
(http://www.fdma.go.jp/ugoki/h2706/2706_17.pdf)

# ☠ 86 ふっ化水素（ふっ化水素酸）

| 品名 | 別名 | 無水フッ化水素酸、無水フッ酸 | | | |
|---|---|---|---|---|---|
| | 英語名 | Hydrogen Fluoride, Hydrofluoric Acid | | | |
| | 化学式 | HF・aq | | | |
| 性状 | 比重 | 蒸気比重 | 融点 | 沸点 | 無色の液化ガスで激しい刺激臭がある。主な含有製剤としてのフッ化水素酸は無色液体。不燃性。 |
| | 1（0℃） | 0.7 | −83℃ | 19.9℃ | |
| 毒物及び劇物取締法の適用 | 毒物 | 含有製剤の消防法に基づく届出の要否 | 要 | | |

|  |  |
|---|---|
| 水の影響 | 極めてよく溶ける（発熱）。<br>水分の存在下で金属と接触すると水素ガスを発生する。 |
| 火熱の影響 | なし。 |
| 漏えい時の措置 | 漏えい容器は木栓の打ち込み等により漏えいを止める。止められない場合には、むしろ等をあて、更に消石灰を散布してガスを吸収させる。 |
| 火災時の措置 | （周辺火災の場合）<br>速やかに容器を安全な場所に移動する。移動不可能な場合は、破損防止に留意し、噴霧注水により容器及び周囲を冷却する。 |
| 人体への影響 | 吸入—鼻、のど、気管支等の粘膜を刺激し、侵され、肺水腫を起こし、呼吸困難、呼吸停止となる。<br>皮膚—激痛を伴って、内部まで浸透腐食する。<br>眼——粘膜が激しく侵され、失明することがある。 |

| $LD_{50}$ | —— | $LC_{50}$ | 342ppm/hr（マ） | 許容濃度 | 3ppm |
|---|---|---|---|---|---|

| 用途 | 無機・有機フッ素化合物製造、ガラスのつや消、脱水剤。 |
|---|---|

| CAS No. | 7664−39−3 | 国連番号 | 1052（等級８） |
|---|---|---|---|

↑含有製剤としての55%フッ化水素酸を$4m^3$収納しているタンク

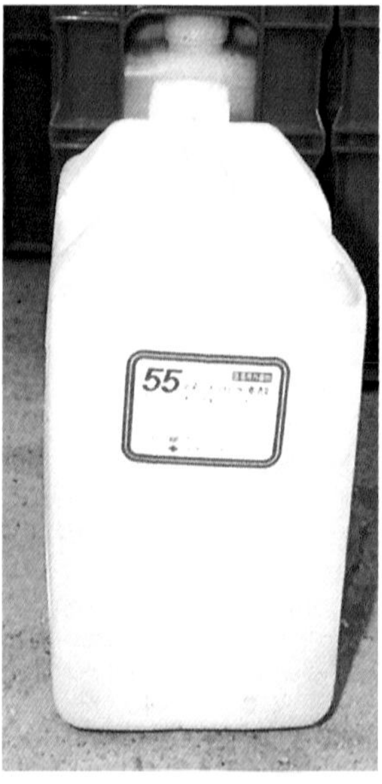

↑100%フッ化水素酸、即ち無水フッ化水素を耐圧性のタンクに収納している例

←55%フッ化水素酸が22ℓ入りポリエチレン容器に収納されている例

# 87 ふっ化バリウム

<table>
<tr><td rowspan="3">品名</td><td>別名</td><td colspan="5">――――</td></tr>
<tr><td>英語名</td><td colspan="5">Barium Fluoride</td></tr>
<tr><td>化学式</td><td colspan="5">$BaF_2$</td></tr>
<tr><td rowspan="2">性状</td><td>比重</td><td>蒸気比重</td><td>融点</td><td>沸点</td><td colspan="2" rowspan="2">白色の結晶性粉末。</td></tr>
<tr><td>4.83</td><td>――</td><td>1,353℃</td><td>2,260℃</td></tr>
<tr><td colspan="3">毒物及び劇物取締法の適用</td><td>劇物</td><td colspan="2">含有製剤の消防法に基づく届出の要否</td><td>否</td></tr>
<tr><td>水の影響</td><td colspan="6">溶けにくい。</td></tr>
<tr><td>火熱の影響</td><td colspan="6">加熱すると有毒なフッ化水素ガスを発生する。</td></tr>
<tr><td>漏えい時の措置</td><td colspan="6">飛散したものは空容器にできるだけ回収し、そのあとを多量の水で洗い流す。この場合、濃厚な排液が河川等に排出されないように注意する。</td></tr>
<tr><td>火災時の措置</td><td colspan="6">(周辺火災の場合)<br>速やかに容器を安全な場所に移動する。移動不可能な場合は、噴霧注水により容器及び周辺を冷却する。</td></tr>
<tr><td rowspan="2">人体への影響</td><td colspan="6">吸入―悪心、おう吐、けいれんを引き起こす。はなはだしい場合は、心臓に変調をきたし、脈不整、血圧上昇、めまい、耳なりなどを引きを起こす。<br>眼――異物感を与え、粘膜を刺激する。</td></tr>
<tr><td>$LD_{50}$</td><td>250mg／kg(ラ)</td><td>$LC_{50}$</td><td>――――</td><td>許容濃度</td><td>0.5mg／$m^3$<br>(OSHA[注])(Baとして)</td></tr>
<tr><td>用途</td><td colspan="6">溶接棒用フラックス、高純度アルミニウム製錬用、釉剤、結晶育成源。<br>注：OSHA(Occupational Safety & Health Administration:労働安全衛生局)</td></tr>
<tr><td>CAS No.</td><td colspan="2">7787－32－8</td><td colspan="2">国連番号</td><td colspan="2">1564 (等級 6.1)</td></tr>
</table>

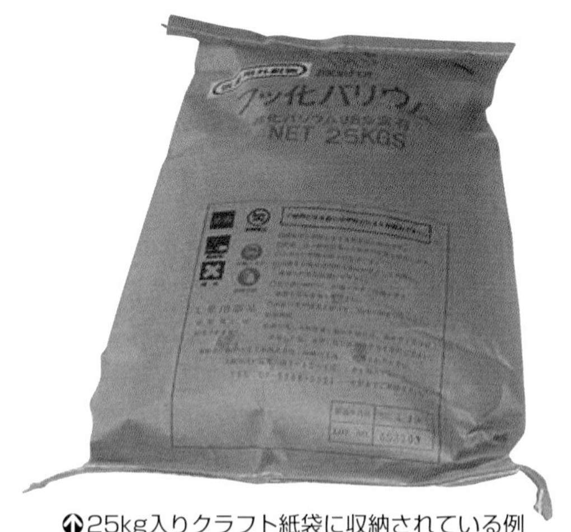


⬆25kg入りクラフト紙袋に収納されている例

⬇フッ化バリウムそのものの姿

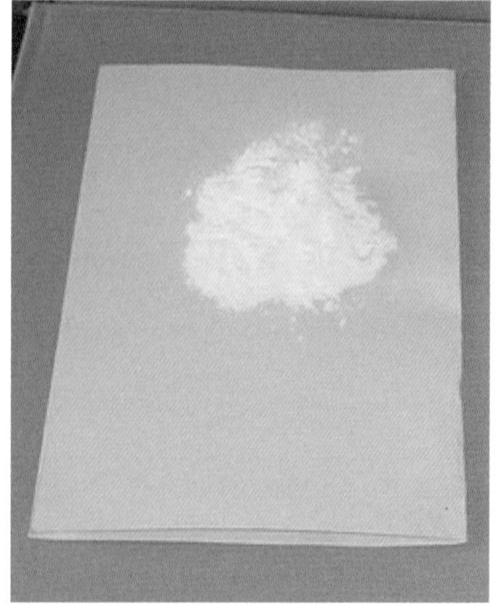

# 88 ブロム水素（ブロム水素酸）

<table>
<tr><td rowspan="3">品名</td><td>別名</td><td colspan="6">臭化水素、臭化水素酸</td></tr>
<tr><td>英語名</td><td colspan="6">Hydrogen Bromide, Hydrobromic Acid</td></tr>
<tr><td>化学式</td><td colspan="6">HBr・aq</td></tr>
<tr><td rowspan="2">性状</td><td>比重</td><td>蒸気比重</td><td>融点</td><td>沸点</td><td colspan="3" rowspan="2">刺激臭のある無色の気体（臨界温度89.8℃）。</td></tr>
<tr><td>2.8（−67℃）</td><td>2.8（0℃）</td><td>−87℃</td><td>−67℃</td></tr>
<tr><td colspan="3">毒物及び劇物取締法の適用</td><td>劇物</td><td colspan="3">含有製剤の消防法に基づく届出の要否</td><td>要</td></tr>
<tr><td>水の影響</td><td colspan="7">極めてよく溶ける。<br>水溶液は臭化水素酸となり、淡黄色の刺激臭のある液体。臭化水素酸は腐食性が強く、強酸性である。</td></tr>
<tr><td>火熱の影響</td><td colspan="7">不燃性ガスであるが、加熱により破裂、噴出の危険がある。<br>臭化水素酸は爆発性でも引火性でもないが、各種の金属と反応して水素ガスを発生し、これが空気と混合し引火爆発するおそれがある。</td></tr>
<tr><td>漏えい時の措置</td><td colspan="7">漏えいしたものは、水で徐々に希釈した後、消石灰、ソーダ灰等で中和し、多量の水で洗い流す。この場合、濃厚な廃液が河川等に排出されないように注意する。</td></tr>
<tr><td>火災時の措置</td><td colspan="7">（周辺火災の場合）<br>速やかに容器を安全な場所に移動する。移動不可能な場合は、容器の破損防止に留意し、噴霧注水により容器及び周囲を冷却する。</td></tr>
<tr><td rowspan="2">人体への影響</td><td colspan="7">吸入—のど、気管支、肺などを刺激し、粘膜が侵される。<br>皮膚—刺激性が強く炎症、潰瘍を起こす。<br>眼——粘膜を激しく刺激され炎症を起こし、失明することがある。</td></tr>
<tr><td>$LD_{50}$</td><td>———</td><td>$LC_{50}$</td><td>814ppm/hr（マ）</td><td>許容濃度</td><td colspan="2">3ppm</td></tr>
<tr><td>用途</td><td colspan="7">ブロム塩類の製造、ビタミン、医薬品の合成。</td></tr>
<tr><td colspan="2">CAS No.</td><td colspan="2">10035−10−6</td><td colspan="2">国連番号</td><td colspan="2">1048（等級 2.3）</td></tr>
</table>

⬆製剤としてのブロム水素酸（液体）を250kg入り鋼製ドラム缶（直径60cm、高さ90cm、内面合成樹脂コーティング）で貯蔵されている例

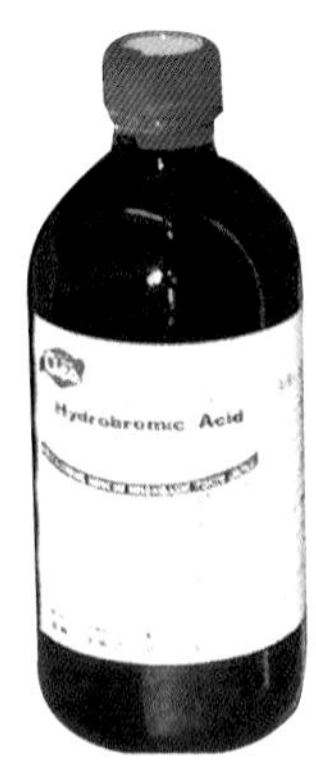


⬆ガラスビンに収納されている例

➡ブロム水素酸をビーカーに入れた状態（ブロム水素はガスであるので実体は見えない）

# 89 ブロムメチル

<table>
<tr><td rowspan="3">品名</td><td>別名</td><td colspan="6">臭化メチル、メチルブロマイド、ブロムメタン</td></tr>
<tr><td>英語名</td><td colspan="6">Methyl Bromide, Bromomethane</td></tr>
<tr><td>化学式</td><td colspan="6">$CH_3Br$</td></tr>
<tr><td rowspan="2">性状</td><td>比重</td><td>蒸気比重</td><td>融点</td><td>沸点</td><td colspan="3" rowspan="2">わずかにクロロホルム臭のある無色の気体。可燃性（爆発範囲10～15％）。圧縮又は冷却すると無色又は淡黄緑色の液体となる。</td></tr>
<tr><td>1.7（0℃）</td><td>4.0</td><td>−94℃</td><td>4℃</td></tr>
<tr><td colspan="3">毒物及び劇物取締法の適用</td><td colspan="2">劇　物</td><td colspan="2">含有製剤の消防法に基づく届出の要否</td><td>要</td></tr>
<tr><td>水の影響</td><td colspan="7">難溶。<br>低温で含水結晶をつくる。</td></tr>
<tr><td>火熱の影響</td><td colspan="7">燃焼すると有毒なブロム水素、臭素、一酸化炭素を発生する。<br>ボンベ加熱による破裂、噴出の危険あり。</td></tr>
<tr><td>漏えい時の措置</td><td colspan="7">着火源の即時排除、木栓の打ち込み等により漏えいを止める。周囲への延焼防止を図った上で、着火燃焼処理を行う場合もある。</td></tr>
<tr><td>火災時の措置</td><td colspan="7">（周辺火災の場合）<br>速やかに容器を安全な場所に移動する。移動不可能な場合は、噴霧注水により容器及び周囲を冷却する。<br>（着火した場合）<br>漏えいが止められる場合は消火する。漏えいが止められない場合は燃焼を継続させ、周囲への延焼拡大防止に努める。</td></tr>
<tr><td rowspan="2">人体への影響</td><td colspan="7">吸入—吐き気、おう吐、視力障害等を起こす。低濃度のガスを長時間吸入した場合にも症状を起こす。<br>皮膚—水疱を生じ、吸入と同様の中毒症状を起こす。<br>眼——粘膜を刺激して、炎症を起こす。</td></tr>
<tr><td>$LD_{50}$</td><td>214mg／kg（ラ）</td><td>$LC_{50}$</td><td>302ppm／8hr（ラ）</td><td>許容濃度</td><td colspan="2">5ppm</td></tr>
<tr><td>用途</td><td colspan="7">有機合成原料、穀物のくん蒸剤。</td></tr>
<tr><td colspan="2">CAS No.</td><td colspan="2">74－83－9</td><td>国連番号</td><td colspan="3">1062（等級 2.3）</td></tr>
</table>

←液化ガスとしてボンベに収納され保管されている例

↓小規模のくん蒸に使用される小型容器（エアゾール缶状の容器で直径7cm、高さ14cmの500g入り耐圧金属缶）を1カートン24本入りとして収納したダンボール箱の積み上げ例

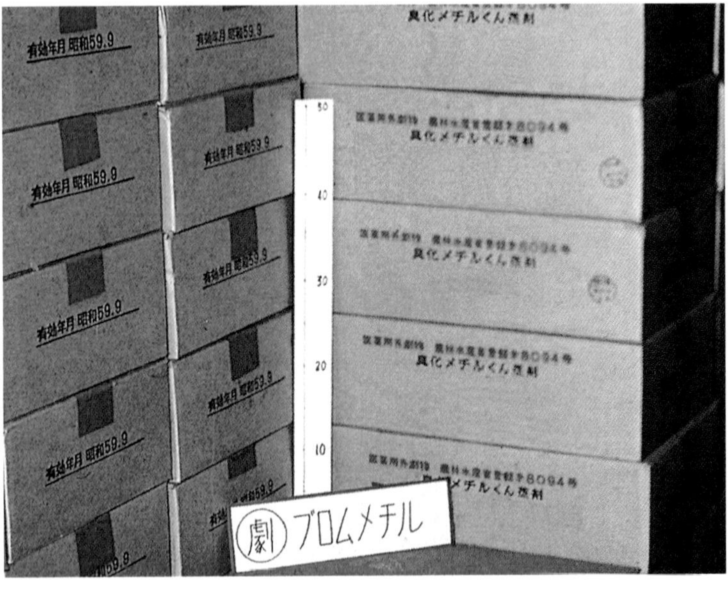

# 90 ほうふっ化カリウム

| | | | | | | |
|---|---|---|---|---|---|---|
| 品名 | 別名 | テトラフルオロホウ酸カリウム、フッ化ホウ素酸カリウム | | | | |
| | 英語名 | Potassium Borofluoride, Potassium Fluoroborate, Potassium Tetrafluoroborate | | | | |
| | 化学式 | $KBF_4$ | | | | |
| 性状 | 比重 | 蒸気比重 | 融点 | 沸点 | 無色の結晶。 | |
| | 2.5 | —— | 529.5℃（分解） | —— | | |
| 毒物及び劇物取締法の適用 | 劇物 | 含有製剤の消防法に基づく届出の要否 | 否 | | | |
| 水の影響 | 溶けにくい。 | | | | | |
| 火熱の影響 | 加熱すると有毒な三フッ化ホウ素ガスが発生する。 | | | | | |
| 漏えい時の措置 | 飛散したものは容器にできるだけ回収し、そのあとを多量の水で洗い流す。 | | | | | |
| 火災時の措置 | （周辺火災の場合）<br>速やかに容器を安全な場所に移動する。移動不可能な場合は、噴霧注水により容器及び周囲を冷却する。 | | | | | |
| 人体への影響 | 吸入―はなはだしい場合には鼻、のど、気管支、肺等の粘膜を刺激する。<br>眼――異物感を与え、粘膜を刺激し炎症を起こす。 | | | | | |
| | $LD_{50}$ | 240mg／kg（ラ） | $LC_{50}$ | —— | 許容濃度 | 2.5mg／$m^3$（Fとして） |
| 用途 | アルミ・スクラップ精製のマグネシウム除去剤、フラックス配合原料、銀ろう溶接フラックス。 | | | | | |
| CAS No. | 14075－53－7 | 国連番号 | 1759（等級８） | | | |

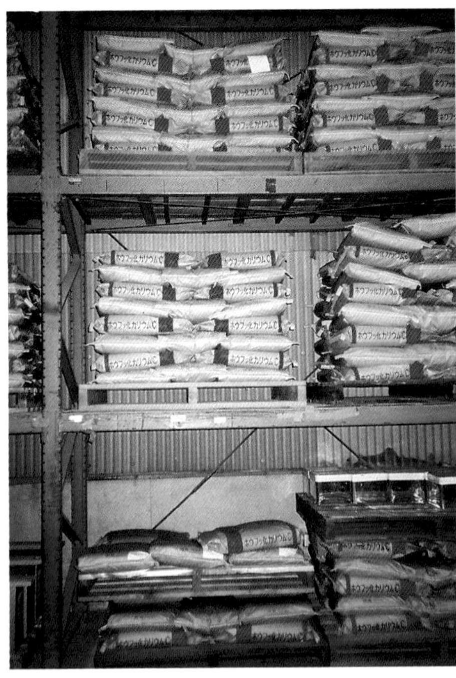


⬆倉庫にクラフト紙袋で貯蔵されている例

⬆25kg入りクラフト紙袋に収納されている例

⬇試料用ビン入りとホウフッ化カリウムそのものの姿

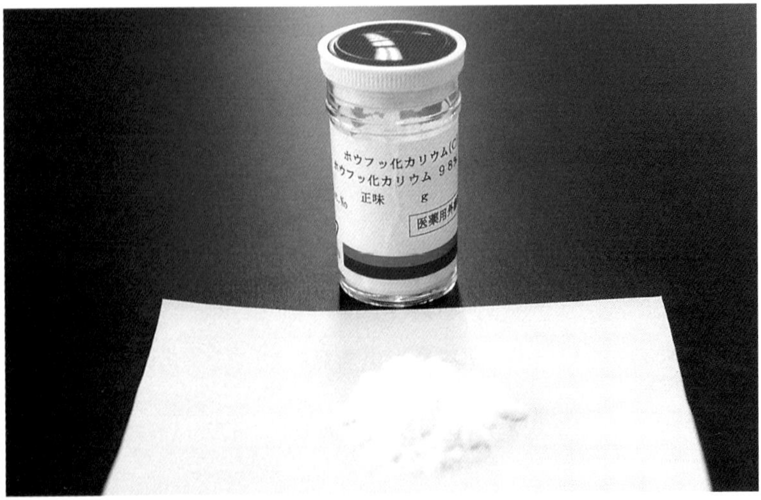

# 91 ほうふっ化水素酸

<table>
<tr><td rowspan="3">品名</td><td>別名</td><td colspan="6">テトラフルオロホウ酸、フッ化ホウ素酸、フルオロホウ酸</td></tr>
<tr><td>英語名</td><td colspan="6">Borofluoric Acid, Tetrafluoroboric Acid, Fluoroboric Acid</td></tr>
<tr><td>化学式</td><td colspan="6">$HBF_4$</td></tr>
<tr><td rowspan="2">性状</td><td>比重</td><td>蒸気比重</td><td>融点</td><td>沸点</td><td colspan="3" rowspan="2">刺激臭を有する無色の液体。<br>通常は、水溶液として存在。</td></tr>
<tr><td>1.3</td><td>——</td><td>——</td><td>130℃</td></tr>
<tr><td colspan="3">毒物及び劇物取締法の適用</td><td>劇物</td><td colspan="2">含有製剤の消防法に基づく届出の要否</td><td colspan="2">否</td></tr>
<tr><td>水の影響</td><td colspan="7">任意に可溶であり、水溶液の水面に腐食性の混合気を生じる。<br>大部分の金属を腐食する。</td></tr>
<tr><td>火熱の影響</td><td colspan="7">加熱により130℃で分解し、有毒で腐食性があるフッ化水素ガス、三フッ化ホウ素ガスを発生する。</td></tr>
<tr><td>漏えい時の措置</td><td colspan="7">漏えいしたものは、土砂等に吸収させ除去するか、又は安全な場所に導き、水で徐々に希釈した後、消石灰、ソーダ灰等で中和し、多量の水で洗い流す。この場合、濃厚な廃液が河川等に排出されないように注意する。</td></tr>
<tr><td>火災時の措置</td><td colspan="7">(周辺火災の場合)<br>速やかに容器を安全な場所に移動する。移動不可能な場合は、容器の破損防止に留意し、噴霧注水により周囲を冷却する。この場合、容器に水が入らないように注意する。</td></tr>
<tr><td rowspan="2">人体への影響</td><td colspan="7">吸入—のど、気管支、肺が侵される。はなはだしい場合は肺水腫、呼吸困難を起こす。<br>皮膚—激しい痛みを感じ、内部にまで浸透腐食する。<br>眼——粘膜が侵され、失明することがある。</td></tr>
<tr><td>$LD_{50}$</td><td>——</td><td>$LC_{50}$</td><td>——</td><td>許容濃度</td><td colspan="2">2.5mg／$m^3$<br>(Fとして)</td></tr>
<tr><td>用途</td><td colspan="7">ホウフッ化メッキの前処理剤やpH調整剤、ホウフッ化物の製造。</td></tr>
<tr><td>CAS No.</td><td colspan="3">16872－11－0</td><td>国連番号</td><td colspan="3">1775（等級8）</td></tr>
</table>

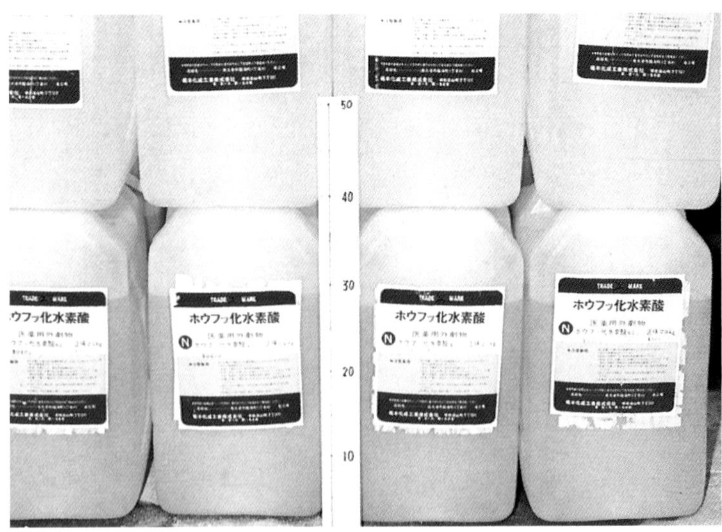


↑ポリエチレン容器（20ℓ入り）に収納されたものを積み上げ、保管している例（スケールの数値の単位はcm）

↓↘ポリエチレン製薬品ビン（50g入り）に収納されている例
半透明のビン内の液体は無色透明である。

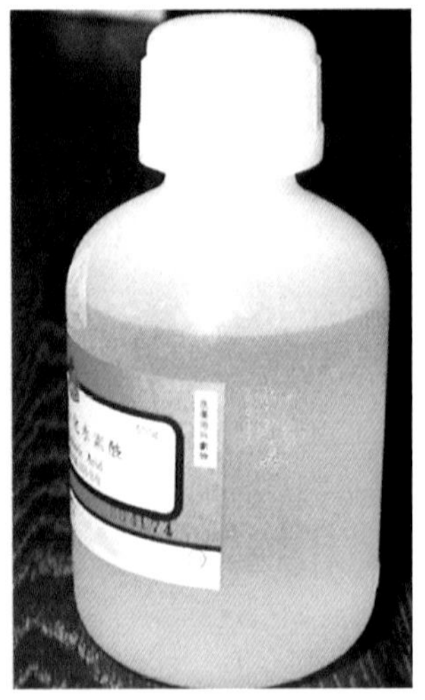

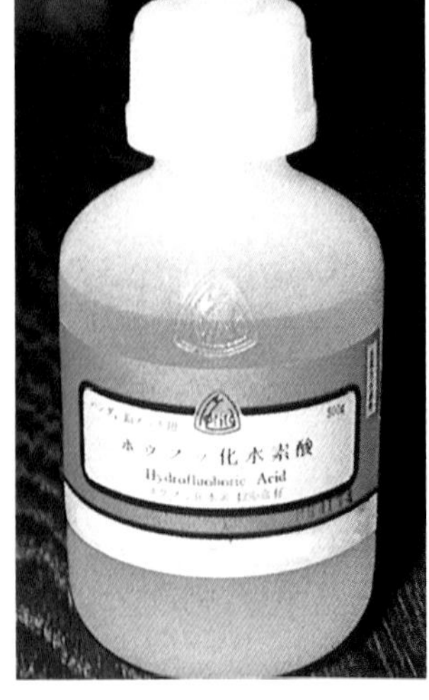

# ☠ 92 ホスゲン

| 品名 | 別名 | 塩化カルボニル、二塩化炭酸 | | | | |
|---|---|---|---|---|---|---|
| | 英語名 | Phosgene, Carbonyl Chloride, Carbonic Dichloride | | | | |
| | 化学式 | $COCl_2$ | | | | |
| 性状 | 比重 | 蒸気比重 | 融点 | 沸点 | 独特の青草臭（空気中で臭いを感ずる最低濃度は、おおむね0.44mg／m³）のある無色の圧縮液化ガス（市販品は淡黄緑色の液体）。不燃性。 | |
| | 1.435 | 3.41 | −128℃ | 8.2℃ | | |
| 毒物及び劇物取締法の適用 | | 毒物 | | 含有製剤の消防法に基づく届出の要否 | | 要 |
| 水の影響 | 水により加水分解し、有毒な二酸化炭素と塩化水素のガスを生成する。<br>水分の存在下において、腐食性を有する。 | | | | | |
| 火熱の影響 | 加熱すると分解して、有毒な塩素と一酸化炭素のガスを発生する。 | | | | | |
| 漏えい時の措置 | 漏えいした液は土砂等でその流れを止め、安全な場所に導き、重炭酸ナトリウム、又は炭酸ナトリウムと水酸化カルシウムからなる混合物の水溶液で注意深く中和する。この場合、濃厚な廃液が河川等に排出されないように注意する。 | | | | | |
| 火災時の措置 | （周辺火災の場合）<br>速やかに容器を安全な場所に移動する。移動不可能な場合は、容器の破損等に対する防護措置を講じ、噴霧注水により容器及び周囲を冷却する。 | | | | | |
| 人体への影響 | 吸入—鼻、のど、気管支等の粘膜を刺激し、炎症を起こす。はなはだしい場合には肺水種、呼吸困難を起こし、死に至ることがある。しばらくしてから症状が現れることがある。<br>皮膚—皮膚を刺激し、炎症、凍傷を起こす。<br>眼——粘膜を刺激し、炎症を起こす。 | | | | | |
| | $LD_{50}$ | ——— | $LC_{50}$ | 1,800mg／m³／30min（マ） | 許容濃度 | 0.1ppm |
| 用途 | 染料の原料、イソシアネート類の原料としての弾性体、接着剤、塗料などのポリウレタン系諸製品及び繊維処理剤、除草剤に利用、可塑剤及びポリカーボネート樹脂の原料。 | | | | | |
| CAS No. | 75−44−5 | | 国連番号 | 1076（等級2.3） | | |

貯槽室の例

横置円筒型屋内タンクで貯蔵されている例

# 93 ホルムアルデヒド

<table>
<tr><td rowspan="3">品名</td><td colspan="2">別名</td><td colspan="6">メタナール、メチルアルデヒド、ホルマリン（水溶液）</td></tr>
<tr><td colspan="2">英語名</td><td colspan="6">Formaldehyde, Methanal, Methyl Aldehyde, Formalin</td></tr>
<tr><td colspan="2">化学式</td><td colspan="6">HCHO</td></tr>
<tr><td rowspan="2">性状</td><td>比重</td><td>蒸気比重</td><td>融点</td><td>沸点</td><td colspan="4" rowspan="2">無色刺激臭の気体。実体としては、パラホルムアルデヒド（重合体）又はホルムアルデヒドの40％前後の水溶液（ホルマリン）として存在。可燃性（引火点32～60℃）。</td></tr>
<tr><td>0.8（－20℃）</td><td>1.1</td><td>－118℃</td><td>－20℃</td></tr>
<tr><td colspan="3">毒物及び劇物取締法の適用</td><td colspan="2">劇　物</td><td colspan="3">含有製剤の消防法に基づく届出の要否</td><td>要（1％以下を除く。）</td></tr>
<tr><td>水の影響</td><td colspan="8">水に任意の割合で溶ける。<br>水溶液は腐食性を有する。</td></tr>
<tr><td>火熱の影響</td><td colspan="8">加熱されると含有アルコール（メタノール等）がガス状となって蒸発し、着火燃焼する場合がある。</td></tr>
<tr><td>漏えい時の措置</td><td colspan="8">漏えいしたものは土砂等で安全な場所に導き、多量の水で洗い流す。この場合、濃厚な廃液が河川等に排出されないように注意する。</td></tr>
<tr><td>火災時の措置</td><td colspan="8">（周辺火災の場合）<br>速やかに容器を安全な場所に移動する。移動不可能な場合は、噴霧注水により周囲を冷却する。<br>（着火した場合）<br>漏えいが止められる場合は消火する。漏えいが止められない場合は、周囲への延焼防止を図り、延焼を継続させる。</td></tr>
<tr><td rowspan="2">人体への影響</td><td colspan="8">吸入─鼻、のど、気管支、肺が激しく刺激され、炎症を起こす。<br>皮膚─皮膚炎を起こす。<br>眼──粘膜を刺激する。濃い場合は失明することがある。</td></tr>
<tr><td>$LD_{50}$</td><td>800mg／kg（ラ）</td><td>$LC_{50}$</td><td>590mg／$m^3$（ラ）</td><td>許容濃度</td><td colspan="3">0.5ppm</td></tr>
<tr><td>用途</td><td colspan="8">尿素、メラミン、フェノール系合成樹脂原料、殺虫・消毒・防腐剤の原料、医薬品。</td></tr>
<tr><td colspan="2">CAS No.</td><td colspan="3">50－00－0</td><td colspan="2">国連番号</td><td colspan="2">1198（等級３）</td></tr>
</table>

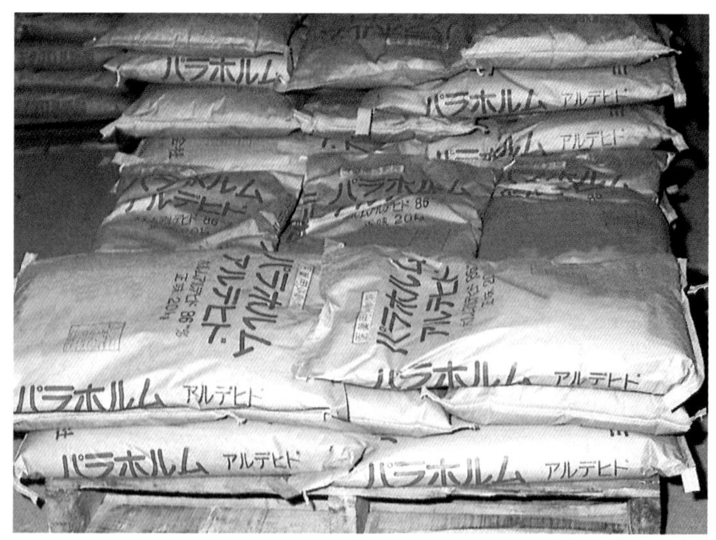


↑毒劇物倉庫内に積み上げられている、20kg紙袋入りのパラホルムアルデヒド

↓パラホルムアルデヒドそのものをシャーレに取り出した状態（白色結晶粉末を棒状小片に固形化したもの）

↓500gビン入り試薬用ホルムアルデヒド水溶液（ホルマリン）

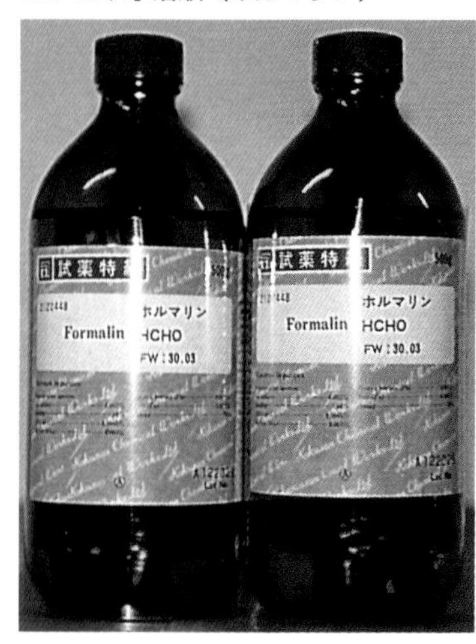

# 94 メタバナジン酸アンモニウム

| 品名 | | |
|---|---|---|
| | 別名 | バナジウム（V）酸アンモニウム |
| | 英語名 | Ammonium Metavanadate,Ammonium Vanadate（V） |
| | 化学式 | $NH_4VO_3$ |

| 性状 | 比重 | 蒸気比重 | 融点 | 沸点 | |
|---|---|---|---|---|---|
| | 2.326 | —— | 200℃ | —— | 白色～淡黄色結晶性粉末。不燃性。200℃で分解。移送時にイエローカードの保持が必要。 |

| 毒物及び劇物取締法の適用 | 本物質及びこれを含有する製剤は劇物。 | 含有製剤の消防法に基づく届出の要否 | 要 |
|---|---|---|---|

|  |  |
|---|---|
| 水の影響 | 水に対する溶解度0.48g/100 mℓ（20℃）である。 |
| 火熱の影響 | 加熱による分解で刺激性、腐食性又は毒性の煙霧を発生するおそれがある。<br>分解生成物として、窒素酸化物、アンモニア、酸化バナジウムガス等が発生するおそれがある。 |
| 漏えい時の措置 | 漏えい物を掃き集めて密閉できる容器に回収する。<br>水で湿らせ、空気中のダストを減らして分散を防ぐ。<br>プラスチックシートで覆いをし、散乱を防ぐ。 |
| 火災時の措置 | 水噴霧、泡消火剤、粉末消火剤、炭酸ガス、乾燥砂類等により消火する。<br>周辺火災の場合、危険でなければ火災区域から容器を移動する。 |
| 人体への影響 | 吸入―有害で、呼吸器系・神経系臓器への障害が生じる。 |

| $LD_{50}$ | 141～218mg／kg(ラ) | $LC_{50}$ | 2.43～2.61mg／L／4h(ラ) | 許容濃度 | ―――― |
|---|---|---|---|---|---|

| 用途 | 接触法硫酸製造用触媒、ナフタレン・オルトキシレンの空気酸化による無水フタル酸製造用触媒。ベンゼンからの無水マレイン酸製造用触媒などの製造。陶磁器（タイル）の着色顔料、試薬。 |
|---|---|

| CAS No. | 7803－55－6 | 国連番号 | 2859（等級6.1） |
|---|---|---|---|

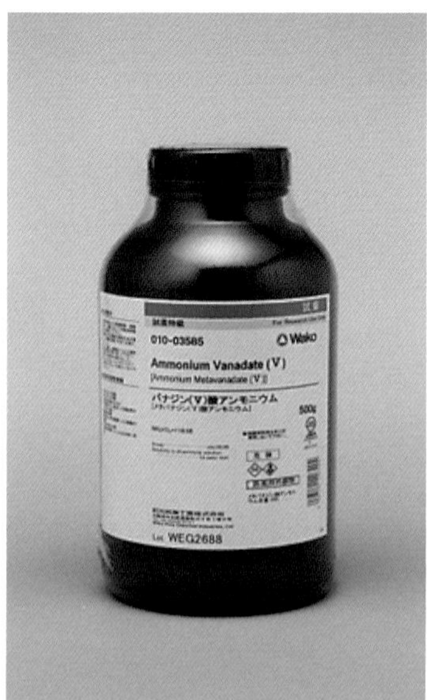


⊖500g入り試薬ビンに
収納されている例

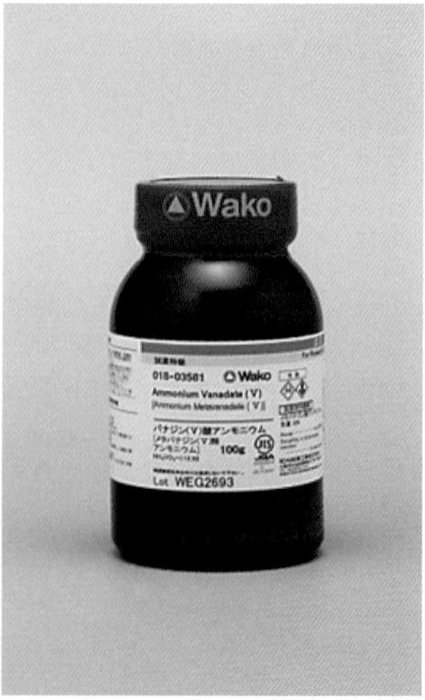

⊕100g入り試薬ビンに
収納されている例

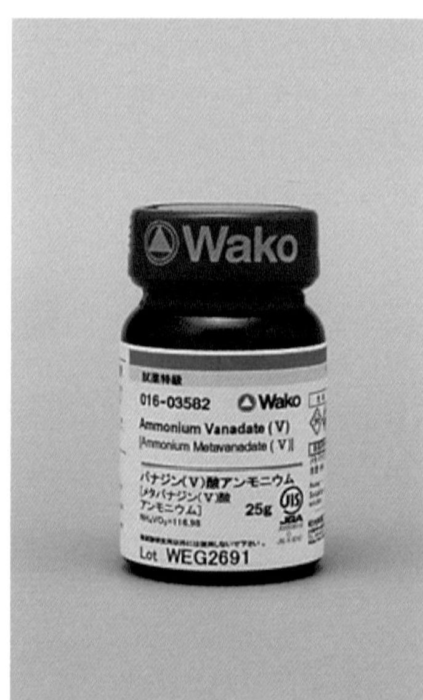


⊖25g入り試薬ビンに
収納されている例

写真提供　和光純薬工業株式会社

# 95 メタフェニレンジアミン

| 品名 | 別名 | m-ジアミノベンゼン | | | |
|---|---|---|---|---|---|
| | 英語名 | Metaphenylenediamine,m-Diaminobenzene | | | |
| | 化学式 | $C_6H_8N_2$ | | | |
| 性状 | 比重 | 蒸気比重 | 融点 | 沸点 | 無色の結晶。空気中では不安定。引火性(引火点166℃)。 |
| | 1.139 | —— | 63℃ | 282～284℃ | |

| 毒物及び劇物取締法の適用 | 劇物 | 含有製剤の消防法に基づく届出の要否 | 否 |
|---|---|---|---|

|  |  |
|---|---|
| 水の影響 | 可溶。 |
| 火熱の影響 | 加熱すると分解して有毒なガスを発生する。 |
| 漏えい時の措置 | 飛散したものは容器にできるだけ回収し、そのあとを多量の水で洗い流す。洗い流す場合には中性洗剤等の分散剤を使用する。 |
| 火災時の措置 | (周辺火災の場合)<br>速やかに容器を安全な場所に移動する。移動不可能な場合は、噴霧注水により容器及び周囲を冷却する。<br>(着火した場合)<br>消火剤又は多量の水を用いて消火する。 |
| 人体への影響 | 吸入—めまい、悪心、おう吐、胸痛等を起こす。はなはだしい場合には意識不明、死亡した例もある。<br>皮膚—局部的に剝離性皮膚炎を起こす。皮膚からも吸収される。<br>眼——粘膜を刺激し、角膜炎、結膜炎を起こす。 |

| $LD_{50}$ | 650mg/kg(ラ) | $LC_{50}$ | ——— | 許容濃度 | 0.1mg/$m^3$ |
|---|---|---|---|---|---|

| 用途 | アゾ染料、白髪染、媒染剤、ゴム、試薬。 |
|---|---|

| CAS No. | 108-45-2 | 国連番号 | 1673(等級6.1) |
|---|---|---|---|

←鋼製ドラム（204kg）に収納されている例

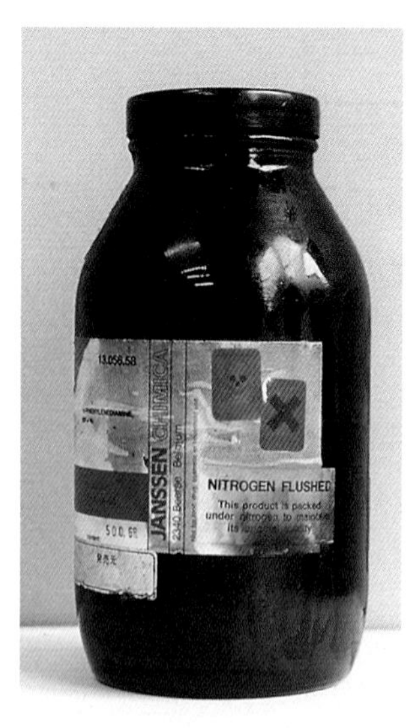

↑←ガラスビン入りとメタフェニレンジアミン（黒色）そのものをビーカーに取り出した状態

# 96 メタホウ酸バリウム

<table>
<tr><td rowspan="3">品名</td><td>別名</td><td colspan="6">――――</td></tr>
<tr><td>英語名</td><td colspan="6">Barium Metaborate</td></tr>
<tr><td>化学式</td><td colspan="6">$BaO \cdot B_2O_3 \cdot H_2O$</td></tr>
<tr><td rowspan="2">性状</td><td>比重</td><td>蒸気比重</td><td>融点</td><td>沸点</td><td colspan="3" rowspan="2">白色の粉末。<br>不燃性。</td></tr>
<tr><td>3.25～3.35</td><td>――</td><td>900～1,050℃</td><td>――</td></tr>
<tr><td colspan="2">毒物及び劇物取締法の適用</td><td colspan="2">劇　物</td><td colspan="2">含有製剤の消防法に基づく届出の要否</td><td colspan="2">否</td></tr>
<tr><td>水の影響</td><td colspan="7">ほとんど溶けない。</td></tr>
<tr><td>火熱の影響</td><td colspan="7">なし。</td></tr>
<tr><td>漏えい時の措置</td><td colspan="7">飛散したものは容器にできるだけ回収し、そのあとを多量の水で洗い流す。</td></tr>
<tr><td>火災時の措置</td><td colspan="7">(周辺火災の場合)<br>速やかに容器を安全な場所に移動する。移動不可能な場合は、噴霧注水により容器及び周囲を冷却する。</td></tr>
<tr><td rowspan="2">人体への影響</td><td colspan="7">吸入―はなはだしい場合には鼻、のど、気管支、肺等の粘膜を刺激し、炎症を起こすことがある。<br>眼――異物感を与え、粘膜を刺激する。</td></tr>
<tr><td>$LD_{50}$</td><td>850mg／kg(ラ)</td><td>$LC_{50}$</td><td colspan="2">――――</td><td>許容濃度</td><td>2mg／$m^3$</td></tr>
<tr><td>用途</td><td colspan="7">塗料の防カビ剤。</td></tr>
<tr><td colspan="2">CAS No.</td><td colspan="2"></td><td colspan="2">国連番号</td><td colspan="2"></td></tr>
</table>

〔写真の物質は、メタホウ酸バリウムを90%含有する製剤であることから消防法の届出対象外。なお、毒物及び劇物取締法の対象外でもある。〕

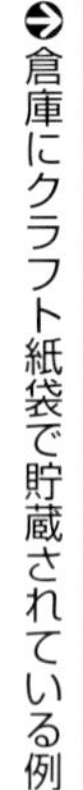
➔倉庫にクラフト紙袋で貯蔵されている例

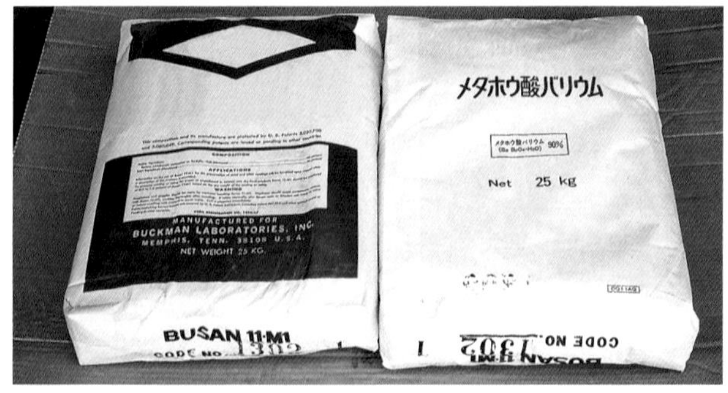


➔25kg入りクラフト紙袋に収納されている例

➔メタホウ酸バリウムを含有する製剤そのものの姿

# 97 メチルアミン

<table>
<tr><td rowspan="3">品名</td><td>別名</td><td colspan="6">モノメチルアミン、アミノメタン、メタナミン</td></tr>
<tr><td>英語名</td><td colspan="6">Methylamine</td></tr>
<tr><td>化学式</td><td colspan="6">$CH_3NH_2$</td></tr>
<tr><td rowspan="2">性状</td><td>比重</td><td>蒸気比重</td><td>融点</td><td>沸点</td><td colspan="3" rowspan="2">無色で魚臭(高濃度はアンモニア臭)の気体(引火点−12.2℃(40%水溶液))。腐食性が強い。</td></tr>
<tr><td>0.67(4℃)</td><td>1.08</td><td>−93.5℃</td><td>−6.33℃</td></tr>
<tr><td colspan="3">毒物及び劇物取締法の適用</td><td>劇物</td><td colspan="2">含有製剤の消防法に基づく届出の要否</td><td colspan="2">要(40%以下を除く。)</td></tr>
<tr><td>水の影響</td><td colspan="7">水によく溶け(強アルカリ溶液となる)、水溶液も引火危険がある。酸と激しく反応する。アルミニウム、亜鉛、銅を腐食する。</td></tr>
<tr><td>火熱の影響</td><td colspan="7">可燃性の気体で加熱、火花等により着火する(爆発範囲4.9〜20.7v/v%)。火災等で燃焼して有毒な窒素酸化物のガスが発生する。<br>加熱すると発熱、発火又は容器が爆発することがある(水銀と激しく反応し、火災や爆発を起こす。)。</td></tr>
<tr><td>漏えい時の措置</td><td colspan="7">蒸気を吸収させるために噴霧注水を行う。少量の場合、蒸気を吸収した水は、砂又はバーミキュライト等の不燃性吸収剤で除去し、水で洗い流す。大量の場合、土のう、土砂で蒸気を吸収した水の流出防止をし、容器へ回収する。<br>汚染場所は、希酸で中和処理した後、多量の水で洗い流す。</td></tr>
<tr><td>火災時の措置</td><td colspan="7">(周辺火災の場合)<br>速やかに容器を安全な場所に移動する。移動不可能な場合は、遮へい物を活用して、容器の破損に対する防護措置を講じ、容器及び周囲の噴霧注水により冷却する。容器が火炎に包まれた場合には爆発・破裂の危険がある。<br>(着火した場合)<br>噴出したガスに着火し、かつ容易に噴出を止められない場合には消火せず燃焼させる。</td></tr>
<tr><td rowspan="2">人体への影響</td><td colspan="7">吸入—鼻、のど、気管支等の粘膜を激しく刺激し、炎症を起こす。はなはだしい場合には肺水腫、呼吸困難を起こすことがある。また、胃けいれん、おう吐、下痢等を起こす。<br>皮膚—皮膚を激しく刺激し、炎症を起こす。直接液に触れると凍傷を起こす。高濃度ガスにさらされると皮膚炎の原因となる。<br>眼——粘膜を激しく刺激し、炎症を起こす。直接液が入ると失明することがある。</td></tr>
<tr><td>$LD_{50}$</td><td>100mg/kg(ラ)</td><td>$LC_{50}$</td><td colspan="2">2,400mg/$m^3$/2hr(マ)</td><td>許容濃度</td><td>10ppm</td></tr>
<tr><td>用途</td><td colspan="7">農薬原料、染料、スラリー爆薬の原料。</td></tr>
<tr><td colspan="2">CAS No.</td><td colspan="2">74−89−5</td><td colspan="2">国連番号</td><td colspan="2">1061(等級2.1)</td></tr>
</table>

➡メチルアミン類（モノメチルアミン・ジメチルアミン・トリメチルアミン）が貯蔵されている屋外タンク

⬇メチルアミン類が高圧ガスローリーに収納されている例

# ☠ 98 メチルメルカプタン

| | | | | | |
|---|---|---|---|---|---|
| 品名 | 別名 | メタンチオール、メルカプトメタン | | | |
| | 英語名 | Methyl Mercaptan, Methanethiol, Mercaptomethane | | | |
| | 化学式 | $CH_3SH$ | | | |
| 性状 | 比重 | 蒸気比重 | 融点 | 沸点 | 無色で腐ったキャベツ様の不快臭のガス。 |
| | 0.86 | 1.66（20℃） | −123℃ | 5.8〜6.2℃ | |
| 毒物及び劇物取締法の適用 | 毒物 | 含有製剤の消防法に基づく届出の要否 | 要 | | |
| 水の影響 | 水にやや溶けにくい。 | | | | |
| 火熱の影響 | 加熱すると有毒な硫黄酸化物のガスを発生する。<br>可燃性の気体であるので、引火に注意する。 | | | | |
| 漏えい時の措置 | 漏えいしたボンベ等を多量の水酸化ナトリウム水溶液中に容器ごと投入してガスを吸収させ、処理し、この処理液を処理設備に持ち込み、酸化処理を行う。 | | | | |
| 火災時の措置 | （周辺火災の場合）<br>速やかに容器を安全な場所に移動する。移動不可能な場合は、容器の破損に対する防護措置を講じ、噴霧注水により容器及び周辺を冷却する。容器が火炎に包まれた場合は、爆発の危険があるので近寄らない。<br>（着火した場合）<br>容易に噴出を止められないときは消火せず燃焼させる。 | | | | |
| 人体への影響 | 吸入—鼻、のど、気管支等の粘膜を刺激し、咳、息切れ、頭痛、吐き気、おう吐を起こす。はなはだしい場合には肺水種、呼吸麻痺、昏睡、メトヘモグロビン血症を起こす。<br>皮膚—皮膚を刺激し、炎症を起こす。皮膚からも吸収される。<br>眼　　粘膜を刺激し、炎症を起こす。 | | | | |
| | LD50 | 2.4mg／m³（マ） | LC50 | 6.53mg／m³／2hr（マ） | 許容濃度 0.5ppm |
| 用途 | メチオニン製造用原料、医薬品、殺虫剤、付臭剤。 | | | | |
| CAS No. | 74−93−1 | 国連番号 | 1064（等級 2.3） | | |

← ↓ 縦置円筒型屋外タンク(13.5㎥)で貯蔵されている例

# 99 メチレンコハク酸

| | | | | | |
|---|---|---|---|---|---|
| 品名 | 別名 | 2－メチリデンブタン二酸，イタコン酸 | | | |
| | 英語名 | Methylenesuccinic Acid, 2-Methylenebutanedioic Acid, Itaconic Acid | | | |
| | 化学式 | $C_5H_6O_4$ | | | |
| 性状 | 比重 | 蒸気比重 | 融点 | 沸点 | 白色結晶粉末。エタノールに溶けやすい。常温で安定。 |
| | 1.630 | —— | 164～168℃ | 268℃ | |
| 毒物及び劇物取締法の適用 | 本物質及びこれを含有する製剤は劇物。 | | 含有製剤の消防法に基づく届出の要否 | 要 | |
| 水の影響 | 水にやや溶けやすい。 | | | | |
| 火熱の影響 | イタコン酸の加熱によりシトラコン酸無水物を生じる。<br>シトラコン酸無水物は GHS6 の毒物に該当し、$LD_{50}$=280mg/kg（ラビット・経皮）で、引火点 101℃の第4類第3石油類の危険物である。 | | | | |
| 漏えい時の措置 | 少量の場合、吸着剤（土、砂など）で吸着させ取り除いた後、残りを大量の水で洗い流す。<br>盛り土で囲って流出を防止し、安全な場所に導いてからドラム缶などに回収する。<br>粉末の場合は、真空クリーナー、ほうきなどを使用して飛散させないように回収する。<br>微粉末の場合は、機器類を防爆構造とし、設備は静電気対策を施す。 | | | | |
| 火災時の措置 | 水噴霧、粉末消火剤。<br>燃焼ガスには、一酸化炭素などの有毒ガスが含まれるので、消火作業の際には煙の吸入を避ける。<br>周辺火災の場合、移動可能な容器は速やかに安全な場所に移す。<br>消火作業は風上から行う。 | | | | |
| 人体への影響 | 皮膚—刺激が生じる場合がある。<br>眼——強い刺激があり、重篤な損傷を起こす。 | | | | |
| | $LD_{50}$ 2969mg/kg（ラ） | $LC_{50}$ —— | 許容濃度 —— | | |
| 用途 | 農薬（摘花、摘果剤）、合成樹脂原料、水溶性塗料・印刷インキ等の原料。 | | | | |
| CAS No. | 97－65－4 | 国連番号 | | | |

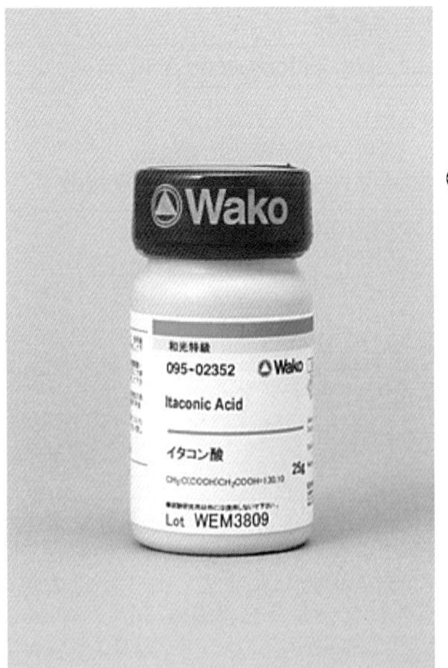


← 25g入りビンに収納されている例

500g入りビンに収納されている例 →

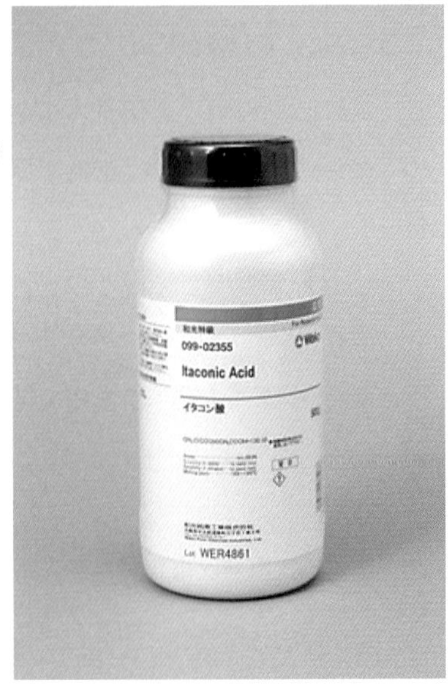


写真提供　和光純薬工業株式会社

# 100　モノクロル酢酸

<table>
<tr><td rowspan="3">品名</td><td>別　　名</td><td colspan="7">クロル酢酸、クロロ酢酸</td></tr>
<tr><td>英 語 名</td><td colspan="7">Monochloroacetic Acid, Chloroacetic Acid</td></tr>
<tr><td>化 学 式</td><td colspan="7">$CH_2ClCOOH$</td></tr>
<tr><td rowspan="2">性状</td><td>比 重</td><td>蒸気比重</td><td>融 点</td><td>沸 点</td><td colspan="4" rowspan="2">無色又は淡黄色の結晶。<br>潮解性。可燃性。(引火点126℃)</td></tr>
<tr><td>1.6 (20℃)</td><td>3.25</td><td>62.5℃</td><td>188℃</td></tr>
<tr><td colspan="3">毒物及び劇物取締法の適用</td><td>劇　物</td><td colspan="3">含有製剤の消防法に基づく届出の要否</td><td colspan="2">否</td></tr>
<tr><td>水の影響</td><td colspan="8">水に任意の割合で溶ける。<br>水溶液は腐食性を有する。</td></tr>
<tr><td>火熱の影響</td><td colspan="8">加熱すると有毒なホスゲン、塩素ガスを発生する。</td></tr>
<tr><td>漏えい時の措置</td><td colspan="8">土のう積等により飛散防止を図り、ポリエチレンシート等で表面被覆する。飛散したものは容器にできるだけ回収し、そのあとを消石灰、ソーダ灰等で中和した後、多量の水で洗い流す。この場合、濃厚な廃液が河川等に排出されないように注意する。</td></tr>
<tr><td>火災時の措置</td><td colspan="8">(周辺火災の場合)<br>速やかに容器を安全な場所に移動する。移動不可能な場合は、飛散防止に留意し、噴霧注水により容器及び周囲を冷却する。<br>(着火した場合)<br>粉末、$CO_2$ 等を用いて消火する。</td></tr>
<tr><td rowspan="2">人体への影響</td><td colspan="8">吸入—鼻、のど、気管支などが激しく侵される。<br>皮膚—極めて刺激性・腐食性が強く、やけど(薬傷)、えそを生ずる(特に蒸気に触れると危険)。<br>眼——角膜を刺激して炎症を起こす。</td></tr>
<tr><td>$LD_{50}$</td><td>165mg/kg(マ)</td><td>$LC_{50}$</td><td>180mg/m³ (ラ)</td><td>許容濃度</td><td colspan="3">———</td></tr>
<tr><td>用途</td><td colspan="8">除草剤、医薬、塩化ビニル樹脂の可塑剤、有機合成原料。</td></tr>
<tr><td colspan="2">CAS No.</td><td colspan="2">79－11－8</td><td colspan="2">国連番号</td><td colspan="3">1751 (等級 6.1)</td></tr>
</table>

←25kg入りクラフト紙袋に収納されている例

↓ポリエチレン製ビン入りとモノクロル酢酸そのものをシャーレに取り出した状態

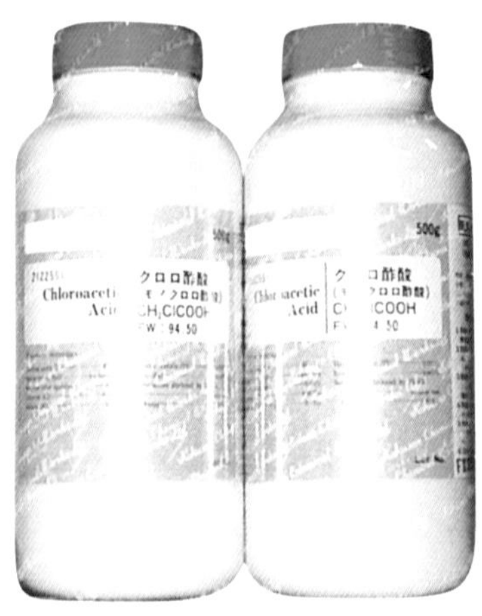

# ☠ 101 モノフルオール酢酸

| 品名 | | |
|---|---|---|
| | 別名 | フルオル酢酸、フルオルエタン酸 |
| | 英語名 | Monofluoroacetic Acid, Fluoroacetic Acid |
| | 化学式 | $CH_2FCOOH$ |

| 性状 | 比重 | 蒸気比重 | 融点 | 沸点 | |
|---|---|---|---|---|---|
| | —— | —— | 33℃ | 165℃ | 無色結晶。潮解性が激しく、実用に適さないため、実験用以外ではほとんど生産されない。 |

| 毒物及び劇物取締法の適用 | 特定毒物 | 含有製剤の消防法に基づく届出の要否 | 否 |
|---|---|---|---|

|  |  |
|---|---|
| 水の影響 | 水に任意の割合で溶ける。<br>水溶液は有毒である。 |
| 火熱の影響 | 緑色の炎を出して燃える。<br>加熱すると有毒なフッ素系ガスを発生する。 |
| 漏えい時の措置 | ポリエチレンシート等で表面を被覆し、飛散防止を図る。<br>飛散したものは容器にできるだけ回収し、そのあとを重炭酸ナトリウムで処理した後、多量の水で洗い流す。この場合、濃厚な廃液が河川等に排出されないように注意する。 |
| 火災時の措置 | (周辺火災の場合)<br>速やかに容器を安全な場所に移動する。移動不可能な場合は、飛散防止に留意し、噴霧注水により周囲を冷却する。<br>(着火した場合)<br>飛散に留意し、多量の水を用いて消火する。 |
| 人体への影響 | 吸入—おう吐、けいれん、意識の混濁、チアノーゼ、血圧降下等を起こす。<br>皮膚—発赤、重度の皮膚熱傷、痛みを起こす。<br>眼——粘膜を刺激し、結膜炎を起こす。 |

| $LD_{50}$ | 7mg/kg(マ) | $LC_{50}$ | —— | 許容濃度 | —— |
|---|---|---|---|---|---|

| 用途 | 殺そ剤。 |
|---|---|

| CAS No. | 144－49－0 | 国連番号 | 2642 (等級 6.1) |
|---|---|---|---|

➔モノフルオール酢酸は研究実験用にまれに存在する程度で大量に生産されないことから市販品はほとんど存在しない。本写真は研究用にあったもので、母液中の結晶の様子を示す。

➔前掲写真のクローズアップ

# ☠ 102 モノフルオール酢酸ナトリウム

<table>
<tr><td rowspan="3">品名</td><td>別名</td><td colspan="6">フルオル酢酸ナトリウム、フッ化酢酸ナトリウム、フラトール、テンエイティ</td></tr>
<tr><td>英語名</td><td colspan="6">Sodium Fluoroacetate</td></tr>
<tr><td>化学式</td><td colspan="6">$CH_2FCOONa$</td></tr>
<tr><td rowspan="2">性状</td><td>比重</td><td>蒸気比重</td><td>融点</td><td>沸点</td><td colspan="3" rowspan="2">白色粉末。<br>吸湿性を有する。</td></tr>
<tr><td>——</td><td>——</td><td>330℃</td><td>——</td></tr>
<tr><td colspan="2">毒物及び劇物取締法の適用</td><td colspan="2">特定毒物</td><td colspan="2">含有製剤の消防法に基づく届出の要否</td><td colspan="2">要</td></tr>
<tr><td>水の影響</td><td colspan="7">水に任意の割合で溶ける。<br>水溶液は有毒である。</td></tr>
<tr><td>火熱の影響</td><td colspan="7">加熱すると有毒なフッ素系ガスを発生する。</td></tr>
<tr><td>漏えい時の措置</td><td colspan="7">ポリエチレンシート等で表面を被覆し、飛散防止を図る。<br>飛散したものは容器にできるだけ回収し、そのあとを消石灰、ソーダ灰等で中和した後、多量の水で洗い流す。この場合、濃厚な廃液が河川等に排出されないように注意する。</td></tr>
<tr><td>火災時の措置</td><td colspan="7">(周辺火災の場合)<br>速やかに容器を安全な場所に移動する。移動不可能な場合は、飛散防止に留意し、噴霧注水により周囲を冷却する。</td></tr>
<tr><td rowspan="2">人体への影響</td><td colspan="7">吸入—おう吐、けいれん、意識の混濁、チアノーゼ、血圧降下等を起こす。</td></tr>
<tr><td>$LD_{50}$</td><td>4mg／kg(マ)</td><td>$LC_{50}$</td><td>100mg/kg(人)</td><td>許容濃度</td><td colspan="2">0.05ppm</td></tr>
<tr><td>用途</td><td colspan="7">殺そ剤(水溶液)。</td></tr>
<tr><td colspan="2">CAS No.</td><td colspan="2">62－74－8</td><td colspan="2">国連番号</td><td colspan="2">2629（等級 6.1）</td></tr>
</table>

⇧円筒状容器(ファイバードラム)に収納され、積み上げられた例

⇧前掲写真の容器のふたを開いた状況
白色粉末状のものがポリエチレン製の袋に収納されている。

⇨モノフルオール酢酸ナトリウムそのもの(白色結晶)をビーカーに入れた状態

# 103 よう素

| 品名 | 別名 | ヨード、ヨジウム | | | |
|---|---|---|---|---|---|
| | 英語名 | Iodine, Iodo | | | |
| | 化学式 | $I_2$ | | | |
| 性状 | 比重 | 蒸気比重 | 融点 | 沸点 | 紫黒色、金属光沢を持つウロコ状結晶。昇華性。容器は密閉し、冷所に保管される。 |
| | 4.9 (25℃) | —— | 114℃ | 184℃ | |
| 毒物及び劇物取締法の適用 | 劇物 | 含有製剤の消防法に基づく届出の要否 | 否 | | |
| 水の影響 | 微溶。 | | | | |
| 火熱の影響 | 加熱すると有毒ガスを発生する。 | | | | |
| 漏えい時の措置 | 土のう積等により飛散防止を図り、ポリエチレンシート等で表面を被覆する。回収等は専門家に依頼する。 | | | | |
| 火災時の措置 | (周辺火災の場合)<br>速やかに容器を安全な場所に移動する。移動不可能な場合は、容器の破損防止に留意し、噴霧注水により容器及び周囲を冷却する。 | | | | |
| 人体への影響 | 吸入—頭痛、発熱(ヨード熱)、めまい、粘膜刺激、慢性消化器障害を起こす。<br>皮膚—皮膚を激しく刺激し、炎症を起こす。<br>眼——粘膜を刺激し、炎症を起こす。 | | | | |
| | $LD_{50}$ | 22mg／kg(マ) | $LC_{50}$ | ——— | 許容濃度 0.1ppm |
| 用途 | 分析試薬、重合開始剤、医薬品、殺虫剤、農薬。 | | | | |
| CAS No. | 7553－56－2 | 国連番号 | | | |

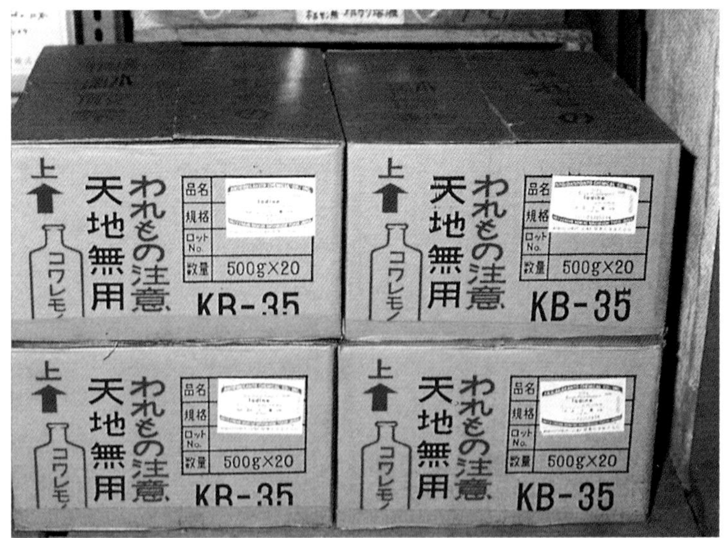


⬆ガラスビン入りのものをダンボール箱に入れ、貯蔵している例

⬇ガラス製小ビン入り（500g）のもの
ヨウ素は比重が比較的大きいのでビンの型もやや小さい。

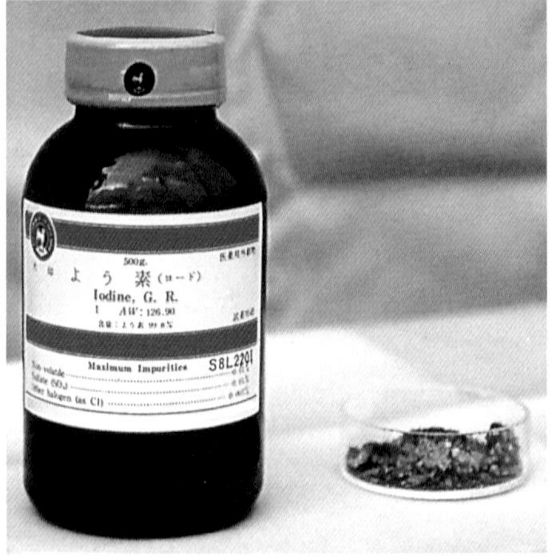

⬆ヨウ素そのものをシャーレに取り出した状態

# 104 4－メチルベンゼンスルホン酸

<table>
<tr><td rowspan="3">品名</td><td>別名</td><td colspan="5">p－トルエンスルホン酸</td></tr>
<tr><td>英語名</td><td colspan="5">4-Methylbenzenesulfonic Acid　p-Toluenesulfonic Acid</td></tr>
<tr><td>化学式</td><td colspan="5">$C_7H_8O_3S$</td></tr>
<tr><td rowspan="2">性状</td><td>比重</td><td>蒸気比重</td><td>融点</td><td>沸点</td><td rowspan="2" colspan="2">無色又は白色の吸湿性の薄片(無臭)。強酸であり、塩基と激しく反応して腐食性を示す。多くの金属を侵して引火性(引火点184℃)／爆発性気体(水素)を生じる。</td></tr>
<tr><td>1.24(20℃)</td><td>——</td><td>104～105℃</td><td>400℃</td></tr>
<tr><td colspan="3">毒物及び劇物取締法の適用</td><td>劇物</td><td colspan="2">含有製剤の消防法に基づく届出の要否</td><td>要</td></tr>
<tr><td>水の影響</td><td colspan="6">水に溶けやすい（溶解度700g/L(20℃)）。</td></tr>
<tr><td>火熱の影響</td><td colspan="6">火災や加熱によって、刺激性、腐食性及び毒性のガスを発生するおそれがある。加熱や燃焼により分解し、有毒で腐食性のヒューム(主にイオウ酸化物($SO_2$)など)を生じる。熱、火花及び火炎で発火するおそれがある。激しく加熱すると燃焼する。</td></tr>
<tr><td>漏えい時の措置</td><td colspan="6">近傍での全ての着火源(熱、高温のもの、火花、裸火など)を取り除く。禁煙。<br>プラスチックシート等で覆いをし、散乱を防ぐ。<br>また、水で湿らせ、空気中のダストを減らして分散を防ぐ等、環境中に放出してはならない。<br>呼吸用保護具、保護手袋及び保護衣を着装して漏えい物を集めて、密閉できる容器に回収する。</td></tr>
<tr><td>火災時の措置</td><td colspan="6">二酸化炭素、粉末消火剤、乾燥砂、水噴霧等により消火する。<br>棒状放水は避ける。<br>周辺火災の場合、危険でなければ火災区域から容器を移動する。</td></tr>
<tr><td rowspan="2">人体への影響</td><td colspan="6">吸入—咽頭痛、咳、灼熱感、息苦しさ、息切れを起こす。<br>経口—咽頭痛、咽喉や胸部の灼熱感、ショック／虚脱を起こす。<br>皮膚—発赤、痛み、重度の皮膚熱傷を起こす。<br>眼——発赤、痛み、熱傷を起こす。</td></tr>
<tr><td>$LD_{50}$</td><td>1,410 mg／kg(ラ)</td><td>$LC_{50}$</td><td>0.5mg/L/4hr(ラ)</td><td>許容濃度</td><td>——</td></tr>
<tr><td>用途</td><td colspan="6">触媒、殺菌剤・農薬・染料・洗剤原料。</td></tr>
<tr><td colspan="2">CAS No.</td><td colspan="2">104－15－4</td><td>国連番号</td><td colspan="2">2585（等級8）</td></tr>
</table>

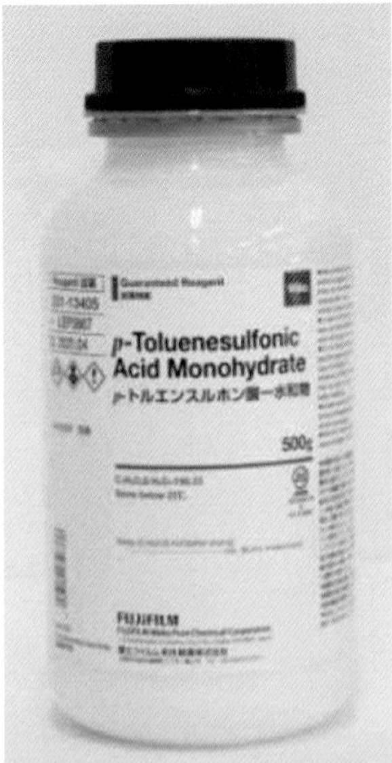


➡ビンに収納されている例

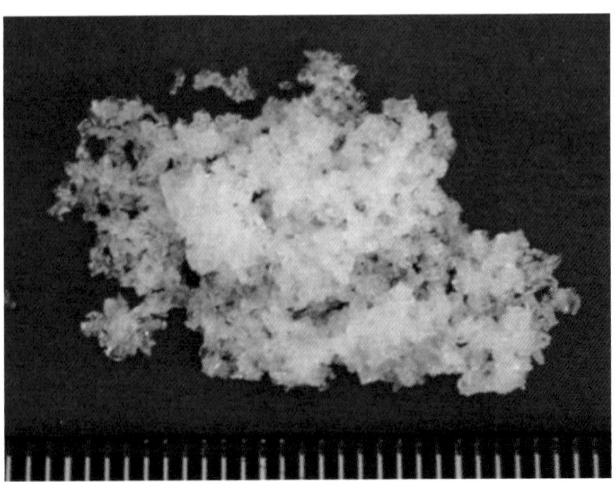

⬆4-メチルベンゼンスルホン酸そのものの姿

出典：消防庁ホームページ　火災危険性を有するおそれのある物質等に関する調査検討報告書(令和4年3月)火災危険性を有するおそれのある物質等に関する調査検討会(https://www.fdma.go.jp/singi_kento/kento/items/post-94/03/houkokusho.pdf)

# 105 硫化カドミウム

<table>
<tr><td rowspan="3">品名</td><td>別名</td><td colspan="6">カドミウムイエロー</td></tr>
<tr><td>英語名</td><td colspan="6">Cadmium Sulfide, Cadmium Yellow</td></tr>
<tr><td>化学式</td><td colspan="6">CdS</td></tr>
<tr><td rowspan="2">性状</td><td>比重</td><td>蒸気比重</td><td>融点</td><td>沸点</td><td colspan="3" rowspan="2">黄橙色粉末。<br>昇華性(980℃)。</td></tr>
<tr><td>4.2~4.8</td><td>——</td><td>1,750℃</td><td>——</td></tr>
<tr><td colspan="3">毒物及び劇物取締法の適用</td><td>劇物</td><td colspan="2">含有製剤の消防法に基づく届出の要否</td><td colspan="2">否</td></tr>
<tr><td>水の影響</td><td colspan="7">ほとんど溶けない。</td></tr>
<tr><td>火熱の影響</td><td colspan="7">加熱すると有害な酸化カドミウム(Ⅱ)の煙霧及びガス($SO_x$)を発生する。</td></tr>
<tr><td>漏えい時の措置</td><td colspan="7">飛散したものは容器にできるだけ回収し、そのあとをウエス等で拭きとる。</td></tr>
<tr><td>火災時の措置</td><td colspan="7">(周辺火災の場合)<br>速やかに容器を安全な場所に移動する。移動不可能な場合は、噴霧注水により容器及び周囲を冷却する。<br>(着火した場合)<br>多量の水を用いて消火する。</td></tr>
<tr><td rowspan="2">人体への影響</td><td colspan="7">吸入—カドミウム中毒を起こすことがある。<br>眼——異物感を与え、粘膜を刺激する。</td></tr>
<tr><td>$LD_{50}$</td><td>1,166mg/kg(マ)</td><td>$LC_{50}$</td><td colspan="2">——</td><td>許容濃度</td><td>0.05mg/$m^3$<br>(Cdとして)</td></tr>
<tr><td>用途</td><td colspan="7">高級絵具、合成樹脂、ガラス着色用。</td></tr>
<tr><td colspan="2">CAS No.</td><td colspan="2">1306－23－6</td><td colspan="2">国連番号</td><td colspan="2">2570(等級 6.1)</td></tr>
</table>

🅐倉庫に貯蔵されている例

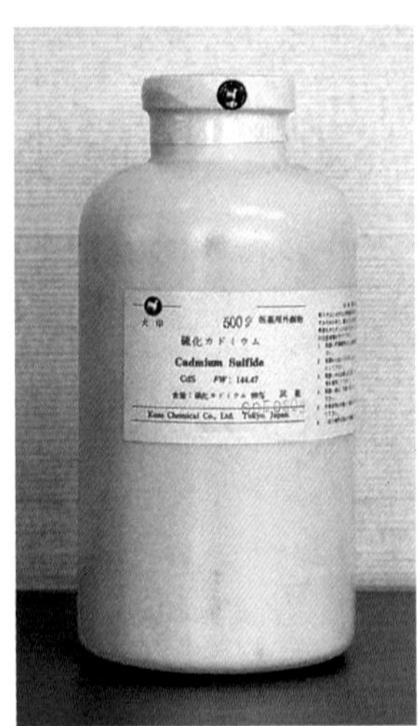

🅐硫化カドミウムそのものの姿

🅑500g入りポリエチレン製ビンに収納されている例

# 106 硫酸

<table>
<tr><td rowspan="3">品名</td><td>別名</td><td colspan="6">緑バン油</td></tr>
<tr><td>英語名</td><td colspan="6">Sulfuric Acid, Oil of Vitriol</td></tr>
<tr><td>化学式</td><td colspan="6">$H_2SO_4$</td></tr>
<tr><td rowspan="2">性状</td><td>比重</td><td>蒸気比重</td><td>融点</td><td>沸点</td><td colspan="3" rowspan="2">常温では無色の液体で、濃度の高いものは油状。</td></tr>
<tr><td>1.8（18℃）</td><td>3.4</td><td>10.4℃</td><td>330℃</td></tr>
<tr><td colspan="2">毒物及び劇物取締法の適用</td><td colspan="2">劇物</td><td colspan="2">含有製剤の消防法に基づく届出の要否</td><td colspan="2">要（60%以下を除く。）</td></tr>
<tr><td>水の影響</td><td colspan="7">激しく発熱して溶解する。<br>水分の存在下においては、大部分の金属を強く腐食する。</td></tr>
<tr><td>火熱の影響</td><td colspan="7">金属などとの接触により水素が発生し、爆発危険がある。<br>加熱すると三酸化硫黄を発生して分解を始める。</td></tr>
<tr><td>漏えい時の措置</td><td colspan="7">漏えいした液は土砂等に吸収させ除去するか、又は安全な場所に導き、消石灰、ソーダ灰等で中和した後、多量の水で洗い流す。この場合、濃厚な廃液が河川等に排出されないように注意する。</td></tr>
<tr><td>火災時の措置</td><td colspan="7">（周辺火災の場合）<br>速やかに容器を安全な場所に移動する。移動不可能な場合は、噴霧注水により容器及び周囲を冷却する。</td></tr>
<tr><td rowspan="2">人体への影響</td><td colspan="7">脱水作用が非常に強い。<br>吸入―呼吸器を侵す。<br>皮膚―多量の熱が発生し、激しい薬傷を起こす。<br>眼――失明のおそれがある。</td></tr>
<tr><td>$LD_{50}$</td><td>2,140mg/kg（ラ）</td><td>$LC_{50}$</td><td>510mg／$m^3$／2hr（ラ）</td><td>許容濃度</td><td colspan="2">1mg/$m^3$</td></tr>
<tr><td>用途</td><td colspan="7">化学工業の基礎原料で、肥料、医薬品、化学薬品工業など広範囲に使用される。</td></tr>
<tr><td colspan="2">CAS No.</td><td colspan="2">7664－93－9</td><td colspan="2">国連番号</td><td colspan="2">1830（等級8）</td></tr>
</table>

⬆98%濃硫酸が屋外タンクで貯蔵されている例
⬇500g(左)、6kg(中)、30kg(右)のそれぞれの容器に収納されている例

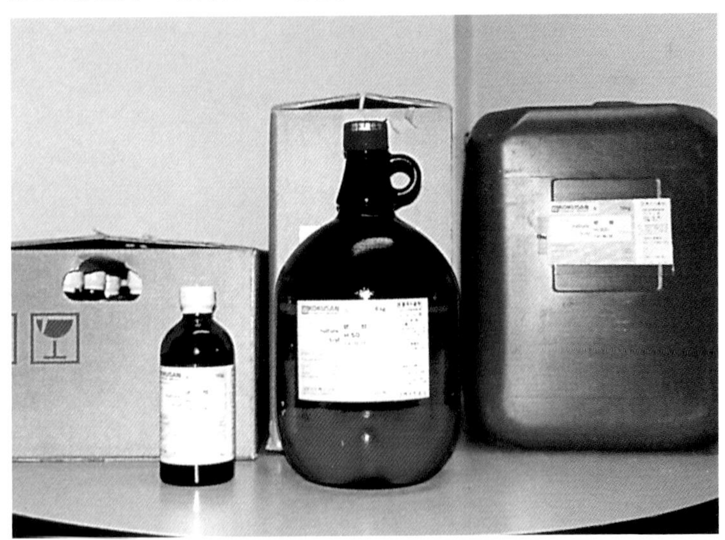

# 107 硫酸亜鉛

| 品名 | 別名 | 皓ばん | | | |
|---|---|---|---|---|---|
| | 英語名 | Zinc Sulfate, Zinc Vitriol | | | |
| | 化学式 | $ZnSO_4 \cdot 7H_2O$ | | | |
| 性状 | 比重 | 蒸気比重 | 融点 | 沸点 | 一般的には七水和物で無色無臭の結晶性粉末。280℃で無水物となり、740℃で分解する。 |
| | 3.474~3.740 | —— | 100℃ | —— | |

| 毒物及び劇物取締法の適用 | 劇物 | 含有製剤の消防法に基づく届出の要否 | 否 |
|---|---|---|---|

|  |  |
|---|---|
| 水の影響 | 溶けやすい。 |
| 火熱の影響 | 加熱すると酸化亜鉛を含む煙霧及びガスが発生する。煙霧は亜鉛熱を起こし、煙霧及びガスは有害なので注意する。 |
| 漏えい時の措置 | 飛散したものは容器にできるだけ回収し、そのあとを消石灰、ソーダ灰等の水溶液を用いて処理した後、多量の水で洗い流す。この場合、濃厚な廃液が河川等に排出されないよう注意する。 |
| 火災時の措置 | (周辺火災の場合)<br>速やかに容器を安全な場所に移動する。移動不可能な場合は、噴霧注水により容器及び周囲を冷却する。 |
| 人体への影響 | 吸入—鼻、のど、気管、気管支等の粘膜が侵される。<br>皮膚—刺激作用があり、皮膚炎又は潰瘍を起こす。<br>眼——粘膜が侵され、炎症を起こす。 |

| $LD_{50}$ | 57mg/kg(マ) | $LC_{50}$ | —— | 許容濃度 | —— |
|---|---|---|---|---|---|

| 用途 | 蛋白沈殿用試薬、防腐剤、媒染剤、農業用殺菌剤、顔料(リトポンの原料)。 |
|---|---|

| CAS No. | 7733－02－2 | 国連番号 | |
|---|---|---|---|

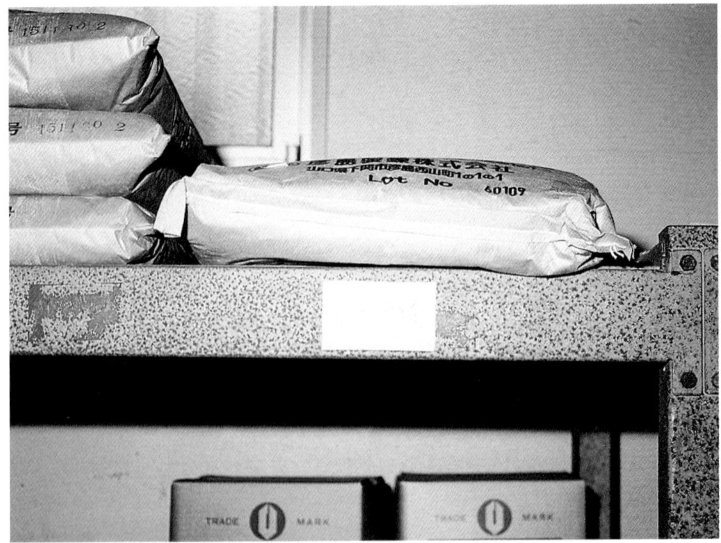


棚上にクラフト紙袋で貯蔵されている例

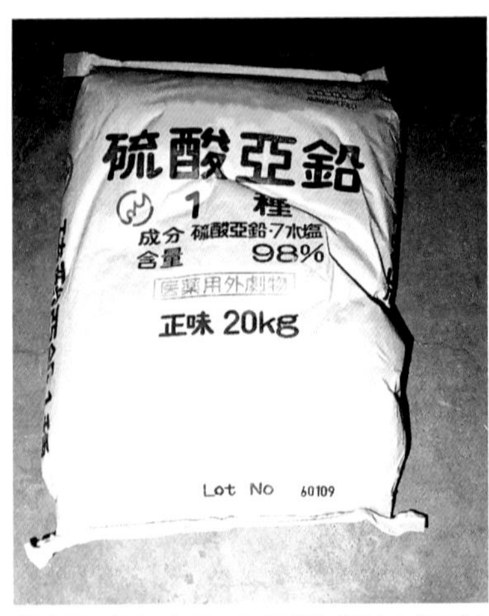


20kg入りクラフト紙袋に収納されている例

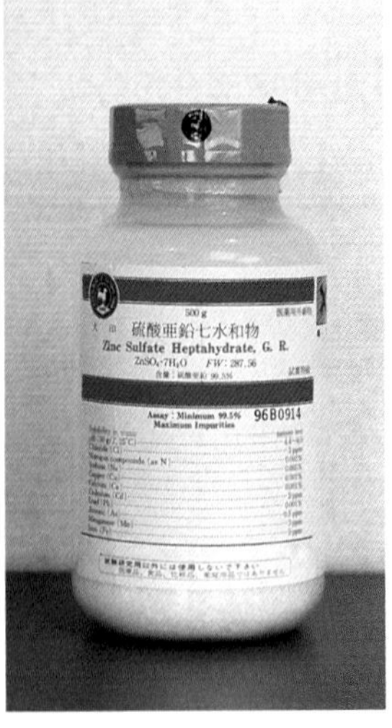


500g入り試薬ビンに収納されている硫酸亜鉛（七水和物）の例

# 108　硫酸第一すず

| | | |
|---|---|---|
| 品名 | 別　名 | 硫酸スズ(Ⅱ) |
| | 英語名 | Stannous Sulfate |
| | 化学式 | $SnSO_4$ |

| 性状 | 比重 | 蒸気比重 | 融点 | 沸点 | 白色粉末で吸湿性がある。 |
|---|---|---|---|---|---|
| | 3.80 | —— | 約350℃(分解) | —— | |

| 毒物及び劇物取締法の適用 | 劇　物 | 含有製剤の消防法に基づく届出の要否 | 否 |
|---|---|---|---|

| | |
|---|---|
| 水の影響 | 水に溶けやすい。<br>(空気中で徐々に吸湿して分解し、オキシ硫酸スズ(Ⅱ)($Sn_2OSO_4$)になる。) |
| 火熱の影響 | 空気中で加熱すると約350℃で分解し、有毒な亜硫酸ガスを発生する。更に強熱すると酸化スズ(Ⅳ)を生成する。 |
| 漏えい時の措置 | 飛散したものは空容器にできるだけ回収し、そのあとを消石灰、ソーダ灰等の水溶液を用いて処理し、多量の水を用いて洗い流す。この場合、濃厚な廃液が河川等に排出されないよう注意する。 |
| 火災時の措置 | (周辺火災の場合)<br>速やかに容器を安全な場所に移動する。移動不可能な場合には、噴霧注水により容器及び周囲を冷却する。 |
| 人体への影響 | 吸入—肺、気道上部を刺激する。のどの炎症、気管支炎を起こす。<br>皮膚—炎症を起こすことがある(かぶれる。ただれる。発赤する。)。<br>眼——粘膜を激しく刺激する。場合によっては結膜炎になることがある。 |

| $LD_{50}$ | —— | $LC_{50}$ | —— | 許容濃度 | 2mg／$m^3$ (ACGIH注)(Snとして) |
|---|---|---|---|---|---|

| | |
|---|---|
| 用途 | 酸性スズメッキ、染色。<br>注:ACGIH(American Conference of Government Industrial Hygienists Inc:米国産業衛生専門家会議) |

| CAS No. | | 国連番号 | |
|---|---|---|---|

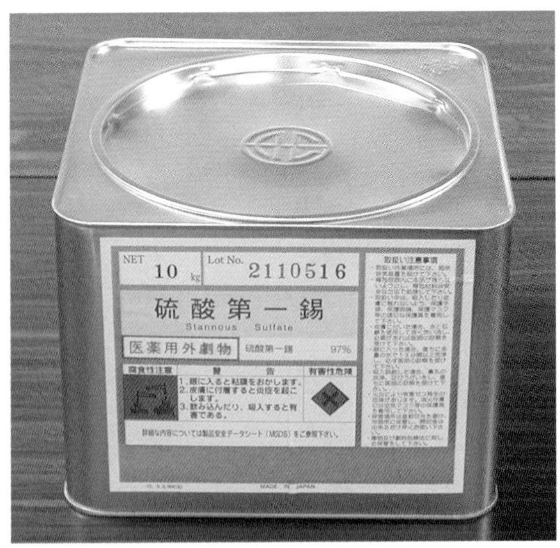


🡅10kg入り金属缶に収納されている例

🡇硫酸第一スズそのものの姿

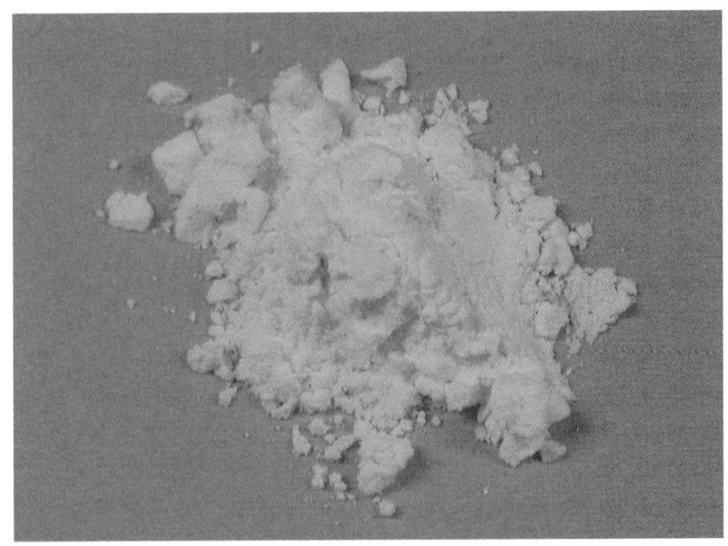

# 109 硫酸銅（硫酸第二銅）

| | | | | | |
|---|---|---|---|---|---|
| 品名 | 別名 | 丹ばん | | | |
| | 英語名 | Copper Sulfate, Cupric Sulfate | | | |
| | 化学式 | $CuSO_4 \cdot 5H_2O$ | | | |
| 性状 | 比重 | 蒸気比重 | 融点 | 沸点 | 一般的には五水和物で藍青色透明三斜結晶。乾燥空気中で風化し表面が白色粉末になる。 |
| | 2.286 | —— | 150℃ | 650℃（分解） | |
| 毒物及び劇物取締法の適用 | 劇物 | 含有製剤の消防法に基づく届出の要否 | 否 | | |
| 水の影響 | 水に溶けるが、水溶液は有毒である。 | | | | |
| 火熱の影響 | 加熱すると有毒な酸化銅の煙霧及びガスを発生する。 | | | | |
| 漏えい時の措置 | 飛散したものは容器にできるだけ回収し、そのあとを消石灰、ソーダ灰等の水溶液を用いて処理した後、多量の水で洗い流す。この場合、濃厚な廃液が河川等に排出されないよう注意する。 | | | | |
| 火災時の措置 | （周辺火災の場合）<br>速やかに容器を安全な場所に移動する。移動不可能な場合は、噴霧注水により容器及び周囲を冷却する。 | | | | |
| 人体への影響 | 吸入—鼻、のどの粘膜を刺激し、炎症を起こす。<br>皮膚—刺激作用があり、炎症を起こすことがある。<br>眼——粘膜を激しく刺激する。 | | | | |
| | $LD_{50}$ | 300mg／kg（ラ） | $LC_{50}$ | —— | 許容濃度：1mg／$m^3$（Cuとして） |
| 用途 | 農薬、顔料、電池用、医薬、メッキ・冶金用、分析用試薬、媒染剤、銅塩類の原料、皮なめし用。 | | | | |
| CAS No. | 7758－98－7 | 国連番号 | | | |

⬆倉庫にビニール製袋で貯蔵されている例

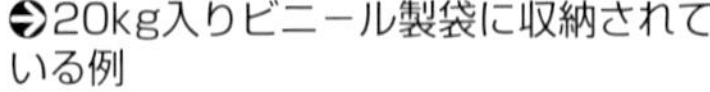

➡20kg入りビニール製袋に収納されている例

⬆硫酸銅（Ⅱ）五水和物そのものの姿

# ☠ 110 硫セレン化カドミウム

| 品名 | 別名 | カドミウムレッド(無機顔料) | | | |
|---|---|---|---|---|---|
| | 英語名 | Cadmium Selenide Sulfide, Cadmium Red | | | |
| | 化学式 | CdS・CdSe | | | |
| 性状 | 比重 | 蒸気比重 | 融点 | 沸点 | 無臭の橙赤色又は赤色粉末。 |
| | 4.2〜5.3 | —— | —— | —— | |
| 毒物及び劇物取締法の適用 | 毒物 | 含有製剤の消防法に基づく届出の要否 | 要 | | |

|  |  |
|---|---|
| 水の影響 | 不溶。 |
| 火熱の影響 | 加熱すると有毒な酸化カドミウム(Ⅱ)と酸化セレン(Ⅳ)の煙霧及びガス(SO$x$)を発生する。 |
| 漏えい時の措置 | 飛散したものは容器にできるだけ回収し、そのあとをウエス等で拭きとる。 |
| 火災時の措置 | (周辺火災の場合)<br>速やかに容器を安全な場所に移動する。移動不可能な場合は、噴霧注水により容器及び周囲を冷却する。<br>(着火した場合)<br>多量の水を用いて消火する。 |
| 人体への影響 | 吸入—カドミウム中毒を起こすことがある。<br>眼——異物感を与え、粘膜を刺激する。 |

| $LD_{50}$ | —— | $LC_{50}$ | —— | 許容濃度 | 0.05mg／m$^3$ (Cdとして) |
|---|---|---|---|---|---|

| 用途 | 塗料、合成樹脂、印刷インキ。 |
|---|---|

| CAS No. | | 国連番号 | |
|---|---|---|---|

⬆倉庫に貯蔵されている例

⬇10kg入り金属缶に収納されている例

⬇硫セレン化カドミウムそのものの姿

# 111 りん化亜鉛

<table>
<tr><td rowspan="3">品名</td><td>別名</td><td colspan="6">――――</td></tr>
<tr><td>英語名</td><td colspan="6">Zinc Phosphide</td></tr>
<tr><td>化学式</td><td colspan="6">$Zn_3P_2$</td></tr>
<tr><td rowspan="2">性状</td><td>比重</td><td>蒸気比重</td><td>融点</td><td>沸点</td><td colspan="3" rowspan="2">暗灰色結晶。<br>酸化性物質と激しく反応する。</td></tr>
<tr><td>4.6（13℃）</td><td>1.17</td><td>420℃</td><td>1,100℃</td></tr>
<tr><td colspan="3">毒物及び劇物取締法の適用</td><td>劇　物</td><td colspan="2">含有製剤の消防法に基づく届出の要否</td><td colspan="2">要（1%以下を除く。）</td></tr>
<tr><td>水の影響</td><td colspan="7">極めて溶けにくい。<br>水に徐々に反応し、自然発火性で有毒なリン化水素ガスを発生する。</td></tr>
<tr><td>火熱の影響</td><td colspan="7">燃焼すると有毒な酸化亜鉛の煙霧及びリン化水素ガスを発生する。</td></tr>
<tr><td>漏えい時の措置</td><td colspan="7">酸との接触防止を図る。<br>飛散したものは、表面を土砂等で覆い、容器に回収して密栓する。<br>覆った土砂等も同様の措置をとる。</td></tr>
<tr><td>火災時の措置</td><td colspan="7">（周辺火災の場合）<br>速やかに容器を安全な場所に移動する。移動不可能な場合は、噴霧注水により容器及び周囲を冷却する。<br>（着火した場合）<br>初期には土砂等で覆い空気を遮断して消火する。大規模火災の場合は、多量の水を用いて消火する。</td></tr>
<tr><td rowspan="2">人体への影響</td><td colspan="7">吸入―頭痛、吐き気、めまい等の症状を起こす。はなはだしい場合には、肺水腫、呼吸困難、昏睡を起こす。<br>皮膚―放置すると皮膚より吸収され中毒を起こす。<br>眼――異物感を与え、粘膜を刺激する。</td></tr>
<tr><td>$LD_{50}$</td><td>50mg／kg（マ）</td><td>$LC_{50}$</td><td colspan="2">――――</td><td>許容濃度</td><td>――――</td></tr>
<tr><td>用途</td><td colspan="7">殺そ剤、殺虫剤。</td></tr>
<tr><td colspan="2">CAS No.</td><td colspan="2">1314－84－7</td><td>国連番号</td><td colspan="3">1714（等級 4.3）</td></tr>
</table>

⬆金属缶に収納され、貯蔵庫に保管されている例

⬅前掲写真のクローズアップ
缶の上面には直径約15cmの丸いふたがある。

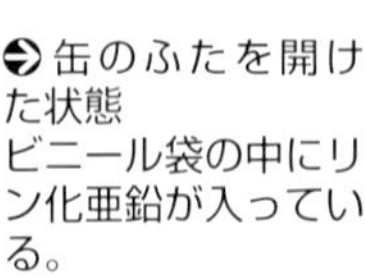

➡缶のふたを開けた状態
ビニール袋の中にリン化亜鉛が入っている。

# ☠ 112 りん化アルミニウムとその分解促進剤とを含有する製剤

<table>
<tr><td rowspan="3">品名</td><td>別名</td><td colspan="6">リン化アルミニウムくん蒸剤</td></tr>
<tr><td>英語名</td><td colspan="6">Aluminium Phosphide Fumigant</td></tr>
<tr><td>化学式</td><td colspan="6">$AlP + NH_2COONH_4$</td></tr>
<tr><td rowspan="2">性状</td><td>比重</td><td>蒸気比重</td><td>融点</td><td>沸点</td><td colspan="3" rowspan="2">灰白色又は淡黄色の錠剤。</td></tr>
<tr><td>2.9</td><td>——</td><td>——</td><td>——</td></tr>
<tr><td colspan="3">毒物及び劇物取締法の適用</td><td>特定毒物</td><td colspan="3">含有製剤の消防法に基づく届出の要否</td><td>——</td></tr>
<tr><td>水の影響</td><td colspan="7">水と接触すると分解し、有毒なリン化水素ガスを発生する。</td></tr>
<tr><td>火熱の影響</td><td colspan="7">燃焼すると有毒なリン化水素ガスを発生する。</td></tr>
<tr><td>漏えい時の措置</td><td colspan="7">有毒なリン化水素ガスが発生する可能性がある。<br>飛散したものは、表面を土砂等で覆い、容器に回収して密栓する。<br>覆った土砂等も同様の措置をとる。</td></tr>
<tr><td>火災時の措置</td><td colspan="7">(周辺火災の場合)<br>速やかに容器を安全な場所に移動する。移動不可能な場合は、噴霧注水により容器及び周囲を冷却する。<br>(着火した場合)<br>初期には土砂等で覆い空気を遮断して消火する。大規模火災の場合は、多量の水を用いて消火する。</td></tr>
<tr><td rowspan="2">人体への影響</td><td colspan="7">吸入—頭痛、吐き気、めまい等の症状を起こす。はなはだしい場合には、肺水腫、呼吸困難、昏睡を起こす。<br>皮膚—直接触れると炎症を起こす。<br>眼——異物感を与え、粘膜を刺激する。</td></tr>
<tr><td>$LD_{50}$</td><td>2mg／kg(マ)</td><td>$LC_{50}$</td><td colspan="2">——</td><td>許容濃度</td><td>2mg／$m^3$<br>(Alとして)</td></tr>
<tr><td>用途</td><td colspan="7">殺虫・殺そ用のくん蒸剤(通常、流通しているものはリン化アルミニウム56～57%を含有)。</td></tr>
<tr><td>CAS No.</td><td colspan="2"></td><td>国連番号</td><td colspan="4">3048 (等級 6.1)</td></tr>
</table>

⬆金属缶入りのものが木箱に収納された状態で貯蔵されている例

⬇ビン状のものにはペレット状のものが、また缶状のものには錠剤（タブレット）が入っている。

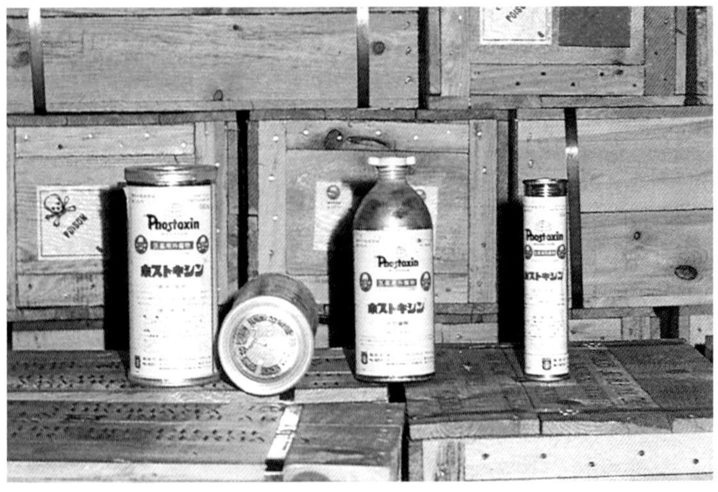

# ☠ 113 りん化水素

<table>
<tr><td rowspan="3">品名</td><td>別　名</td><td colspan="6">ホスフィン、水素化リン</td></tr>
<tr><td>英語名</td><td colspan="6">Phosphine, Hydrogen Phosphide</td></tr>
<tr><td>化学式</td><td colspan="6">$PH_3$</td></tr>
<tr><td rowspan="2">性状</td><td>比重</td><td>蒸気比重</td><td>融点</td><td>沸点</td><td colspan="3" rowspan="2">無色の気体。アセチレンに似た悪臭がある。含有製剤としては、窒素、水素、ヘリウム等の希釈ガスとの混合ガス。可燃性気体(自然発火する。)。</td></tr>
<tr><td>0.7 (−90℃)</td><td>1.2</td><td>−133℃</td><td>−88℃</td></tr>
<tr><td colspan="3">毒物及び劇物取締法の適用</td><td colspan="2">毒　物</td><td colspan="2">含有製剤の消防法に基づく届出の要否</td><td>要</td></tr>
<tr><td>水の影響</td><td colspan="7">溶けにくい。</td></tr>
<tr><td>火熱の影響</td><td colspan="7">ボンベ加熱により、破裂、噴出の危険がある。<br>燃焼すると有害な酸化リンの煙霧が発生する。</td></tr>
<tr><td>漏えい時の措置</td><td colspan="7">漏えいの停止と着火源の排除を図る。<br>漏えいしたボンベ等は、多量の水酸化ナトリウム水溶液と酸化剤(次亜塩素酸ナトリウム、さらし粉等)の水溶液の混合溶液に容器ごと投入してガスを吸収させ、酸化処理した後、多量の水を用いて洗い流す。</td></tr>
<tr><td>火災時の措置</td><td colspan="7">(周辺火災の場合)<br>速やかに容器を安全な場所に移動する。移動不可能な場合は、容器の破裂に留意し、噴霧注水により容器及び周囲を冷却する。<br>(着火した場合)<br>漏えいが止められる場合は消火する。漏えいが止められない場合は、周囲への延焼防止を図り、燃焼を継続させる。</td></tr>
<tr><td rowspan="2">人体への影響</td><td colspan="7">吸入—吐き気、頭痛、めまい、胃痛、下痢等を起こす。はなはだしい場合は、呼吸困難、昏睡を起こす。<br>皮膚—接触部位に炎症を起こす。<br>眼——粘膜を刺激し、角膜等に障害を与える。</td></tr>
<tr><td>$LD_{50}$</td><td colspan="2">——</td><td>$LC_{50}$</td><td>11ppm/4hr(ラ)</td><td>許容濃度</td><td>0.3 ppm</td></tr>
<tr><td>用途</td><td colspan="7">半導体製造用ガス。</td></tr>
<tr><td colspan="2">CAS No.</td><td colspan="2">7803 − 51 − 2</td><td>国連番号</td><td colspan="3">2199 (等級 2.3)</td></tr>
</table>

➔倉庫内にボンベで貯蔵されている例

➔各種ボンベに収納されている例

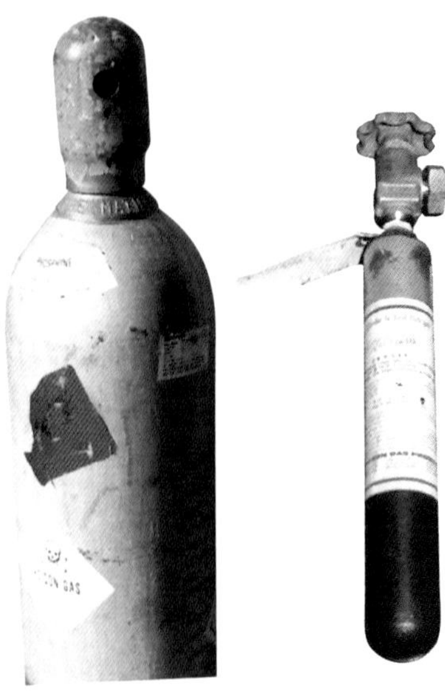

# 114 りん酸亜鉛

<table>
<tr><td rowspan="3">品名</td><td>別名</td><td colspan="5">リン酸三亜鉛</td></tr>
<tr><td>英語名</td><td colspan="5">Zinc Phosphate</td></tr>
<tr><td>化学式</td><td colspan="5">$Zn_3(PO_4)_2 \cdot 4H_2O$</td></tr>
<tr><td rowspan="2">性状</td><td>比重</td><td>蒸気比重</td><td>融点</td><td>沸点</td><td rowspan="2" colspan="2">無色の針状又は板状結晶(市販品は通常純度98%白色粉末)。不燃性。</td></tr>
<tr><td>3.109</td><td>——</td><td>——</td><td>1,075℃</td></tr>
<tr><td colspan="3">毒物及び劇物取締法の適用</td><td>劇物</td><td colspan="2">含有製剤の消防法に基づく届出の要否</td><td>否</td></tr>
<tr><td>水の影響</td><td colspan="6">極めて溶けにくい。</td></tr>
<tr><td>火熱の影響</td><td colspan="6">加熱すると有毒な酸化亜鉛の煙霧を発生するおそれがある。</td></tr>
<tr><td>漏えい時の措置</td><td colspan="6">飛散したものは容器にできるだけ回収し、そのあとを多量の水で洗い流す。この場合、濃厚な廃液が河川等に排出されないように注意する。</td></tr>
<tr><td>火災時の措置</td><td colspan="6">(周辺火災の場合)<br>速やかに容器を安全な場所に移動する。移動不可能な場合は、噴霧注水により容器及び周囲を冷却する。</td></tr>
<tr><td rowspan="2">人体への影響</td><td colspan="6">吸入—はなはだしい場合には鼻、のど、気管、気管支等の粘膜を刺激し、炎症を起こすことがある。<br>眼——異物感を与え、粘膜を刺激する。</td></tr>
<tr><td>$LD_{50}$</td><td>——</td><td>$LC_{50}$</td><td>——</td><td>許容濃度</td><td>——</td></tr>
<tr><td>用途</td><td colspan="6">金属表面処理剤(コーティング)、歯科材料、蛍光体。</td></tr>
<tr><td colspan="2">CAS No.</td><td colspan="2"></td><td>国連番号</td><td colspan="2"></td></tr>
</table>

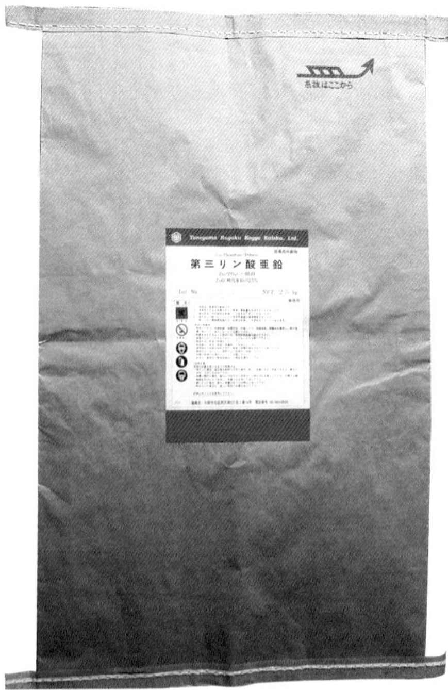


🡅25kg入りクラフト紙袋に収納されている例

# 国際海上危険物規程（IMDG・Code）の分類、定義

| 分類：class | 定義：definitions | | 等級：division |
|---|---|---|---|
| 火薬類：Explosives（クラス1） | 火薬、爆薬、弾薬、火工品その他爆発性を有する物質で6区分に分けられる | 大量爆発（ほぼ瞬間的にほとんどすべての貨物に影響が及ぶ爆発をいう。以下同じ。）の危険性がある物質及び火工品 | 1．1 |
| | | 大量爆発の危険性はないが、飛散の危険性がある物質及び火工品 | 1．2 |
| | | 大量爆発の危険性はないが、火災の危険性があり、かつ、弱い爆風の危険性若しくは弱い飛散の危険性又はその両方の危険性のある物質及び火工品（大量の輻射熱を放出するもの及び弱い爆風の危険性若しくは弱い飛散の危険性又はその両方を発生しながら次から次へと燃焼が継続するものを含む。） | 1．3 |
| | | 高い危険性が認められない物質又は火工品（点火又は起爆が起きた場合にその影響が容器内に限られ、かつ、大きな破片が飛散しないものを含む。） | 1．4 |
| | | 大量爆発の危険性はないが、非常に鈍感な物質 | 1．5 |
| | | 大量爆発の危険性がなく、かつ、極めて鈍感な火工品 | 1．6 |

| | | | | |
|---|---|---|---|---|
| 高圧ガス：Gases（クラス２） | 摂氏50度で圧力300kPaを超える蒸気圧を持つ物質又は摂氏20度で圧力101.3kPaにおいて完全に気体となる物質で、３区分に分けられる | 引火性高圧ガス | ISO10156:2010に規定される引火性判定方法により、20℃、標準気圧101.3kPaの下で、①濃度が13%（容積）以下の空気との混合物で発火性を有するもの、又は②引火下限界に関係なく引火範囲（空気）が12%以上のもの | ２．１ |
| | | 非引火性・非毒性高圧ガス | 20℃において200kPa以上の圧力に圧縮された気体の物質又は深冷液化され得る気体の物質であって、次の①又は②に該当するもの（引火性高圧ガス又は毒性高圧ガスに該当するものを除く。）①空気中の酸素を置換し、又は濃度を低下させるもの②空気よりも激しく他の物質を燃焼させ、又は燃焼を助長するもの | ２．２ |
| | | 毒性高圧ガス | 次の①又は②に該当する気体の物質は、毒性高圧ガスに該当する。①吸入毒性試験による半数致死濃度が5,000ml/㎥以下のもの②人体に対して毒作用又は腐食作用を及ぼすもの | ２．３ |

| | | | | |
|---|---|---|---|---|
| 引火性液体類：Flammable Liquids（クラス３） | 次の①から③に掲げるもの | ①引火点（密閉容器試験による引火点をいう。以下同じ。）が摂氏60度以下の液体（引火点が摂氏35度を超える液体であって燃焼継続性がないと認められるものを除く。） | | 3 |
| | | ②引火点が摂氏60度を超える液体であって当該液体の引火点以上の温度で運送されるもの（燃焼継続性がないと認められるものを除く。） | | |
| | | ③加熱され液体の状態で運送される物質であって当該物質が引火性蒸気を発生する温度以上の温度で運送されるもの（燃焼継続性がないと認められるものを除く。） | | |
| 可燃性物質類：Flammable Solids（クラス４） | 次の３区分に分けられる | 可燃性物　質 | 火気等により容易に点火され、かつ、燃焼しやすい物質 | 4．1 |
| | | 自然発火性物質 | 自然発熱又は自然発火しやすい物質 | 4．2 |
| | | 水反応可燃性物　質 | 水と作用して引火性ガスを発生する物質 | 4．3 |
| 酸化性物質類：Oxidizing Agent/Peroxide（クラス５） | 次の２区分に分けられる | 酸化性物　質 | 他の物質を酸化させる性質を有する物質（有機過酸化物を除く。） | 5．1 |
| | | 有機過酸化物 | 容易に活性酸素を放出し他の物質を酸化させる性質を有する有機物質 | 5．2 |

<table>
<tr><td rowspan="2">毒物類：<br>Toxic<br>Substances/<br>Infectious<br>Substances<br>（クラス6）</td><td rowspan="2">次の2区分に分けられる</td><td>毒物</td><td>人体に対して毒作用を及ぼす物質</td><td>6．1</td></tr>
<tr><td>病毒をうつしやすい物質</td><td>生きた病原体及び生きた病原体を含有し、又は生きた病原体が付着していると認められる物質</td><td>6．2</td></tr>
<tr><td rowspan="2">放射性物質等：<br>Radioactive<br>Material<br>（クラス7）</td><td rowspan="2">次の2区分に分けられる</td><td>放射性物質</td><td>イオン化する放射線を自然に放射する物質</td><td rowspan="2">7</td></tr>
<tr><td>放射性物質によって汚染された物</td><td>放射性物質が付着していると認められる固体の物質（放射性物質を除く。）で、その表面の放射性物質の放射能密度が一定以上のもの</td></tr>
<tr><td>腐食性物質：<br>Corrosive<br>Substances<br>（クラス8）</td><td colspan="3">腐食性を有する物質</td><td>8</td></tr>
<tr><td>有害性物質：<br>Miscellaneous<br>Dangerous<br>Goods<br>（クラス9）</td><td colspan="3">クラス1～8以外の物質であって人に危害を与え、又は他の物件を損傷するおそれのあるもの</td><td>9</td></tr>
</table>

# 危険性の表示

個品用・コンテナ用

1.1

1.2

1.3

1.4

1.5

1.6

2.1

2.2

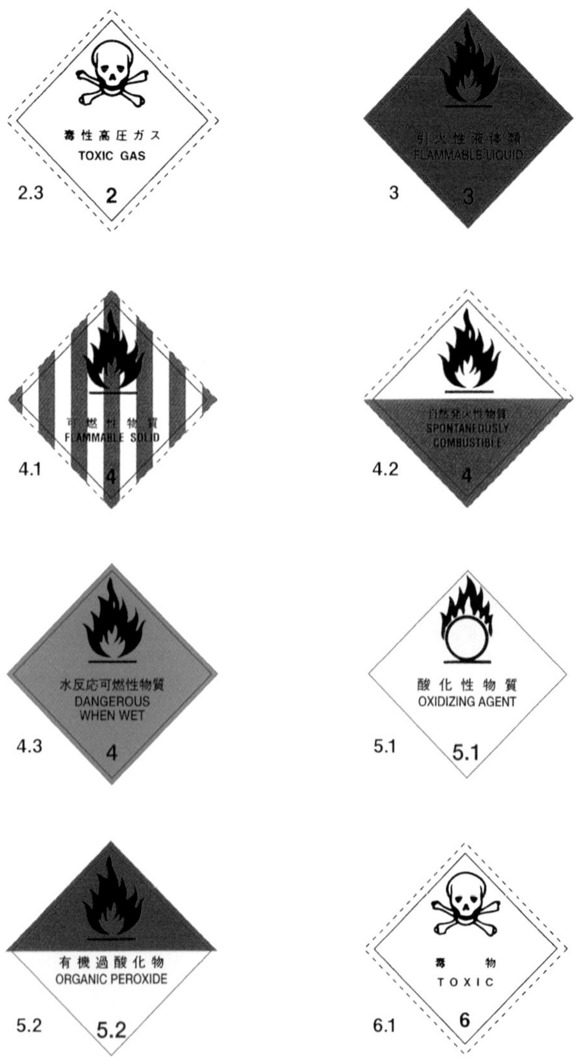
毒性高圧ガス
TOXIC GAS
2
2.3
引火性液体類
FLAMMABLE LIQUID
3
3
可燃性物質
FLAMMABLE SOLID
4
4.1
自然発火性物質
SPONTANEOUSLY
COMBUSTIBLE
4
4.2
水反応可燃性物質
DANGEROUS
WHEN WET
4
4.3
酸化性物質
OXIDIZING AGENT
5.1
5.1
有機過酸化物
ORGANIC PEROXIDE
5.2
5.2
毒物
TOXIC
6
6.1

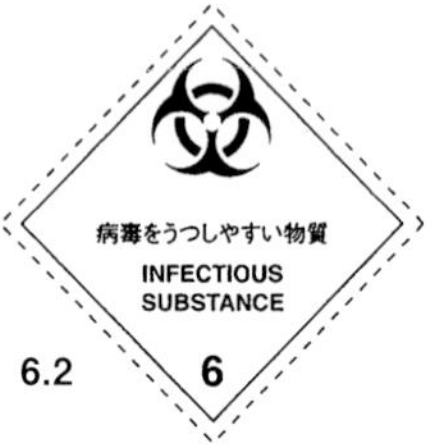

病毒をうつしやすい物質
INFECTIOUS
SUBSTANCE
6

6.2

放射性
RADIOACTIVE Ⅰ
収納物 CONTENTS
放射能 ACTIVITY
7

第一類
白標札

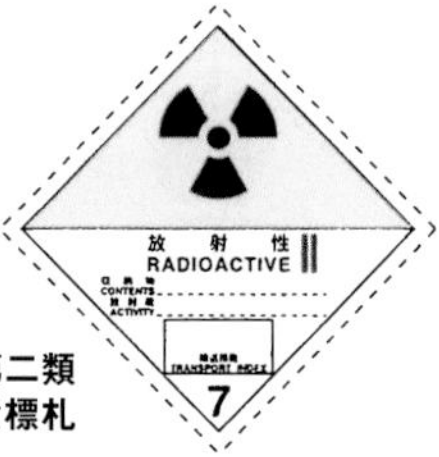

放射性
RADIOACTIVE Ⅱ
収納物 CONTENTS
放射能 ACTIVITY
輸送指数 TRANSPORT INDEX
7

第二類
黄標札

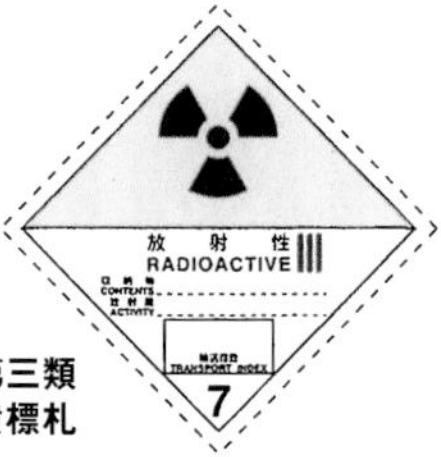

放射性
RADIOACTIVE Ⅲ
収納物 CONTENTS
放射能 ACTIVITY
輸送指数 TRANSPORT INDEX
7

第三類
黄標札

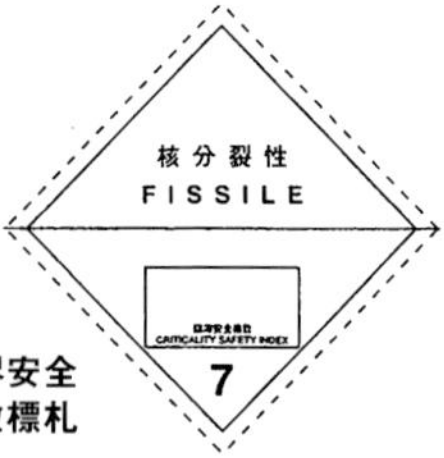

核分裂性
FISSILE
臨界安全指数 CRITICALITY SAFETY INDEX
7

臨界安全
指数標札

腐食性物質
CORROSIVE
8

8

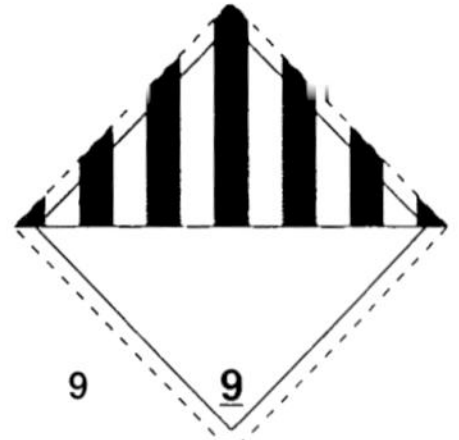


9

コンテナへの
国連番号表示例

又は

副次危険性等級1を示す
副標札及び副標識

海洋汚染物質マーク
(MARINE POLLUTANT mark)

コンテナ標識

国連番号用コンテナ標識

高温注意用表示

上向き表示

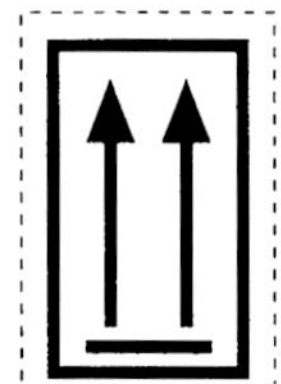

くん蒸注意用表示

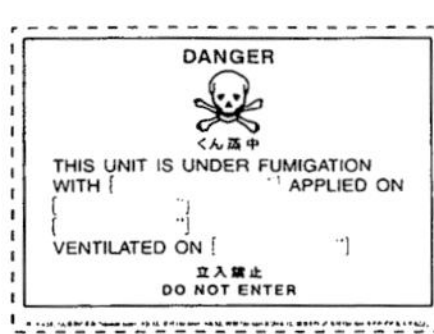


国連番号用表示

コンテナへの
少量危険物の表示例

少量危険物
輸送物への表示例

オーバーパックへの
オーバーパックの表示例

オーバーパック

OVERPACK

# 船舶による放射性物質等の運送基準の細目等を定める告示（参考）

## 第１号様式（第15条、第18条の７の２関係）

第一類白標札

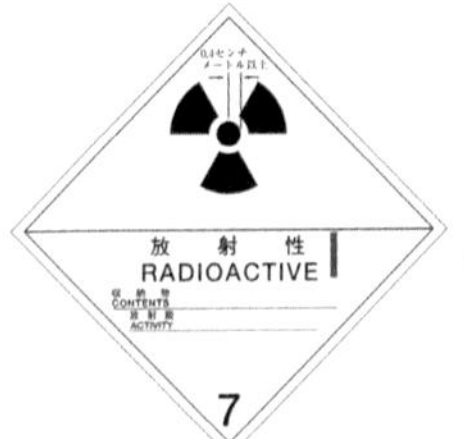


第二類黄標札

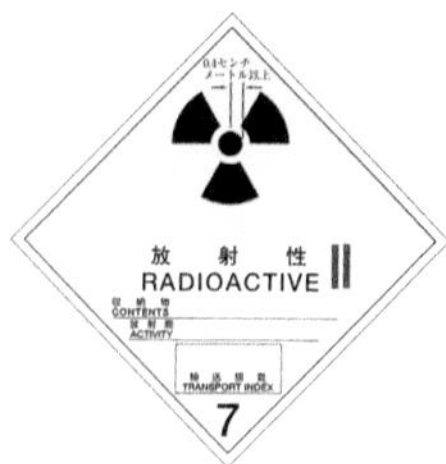


第三類黄標札

臨界安全指数標札

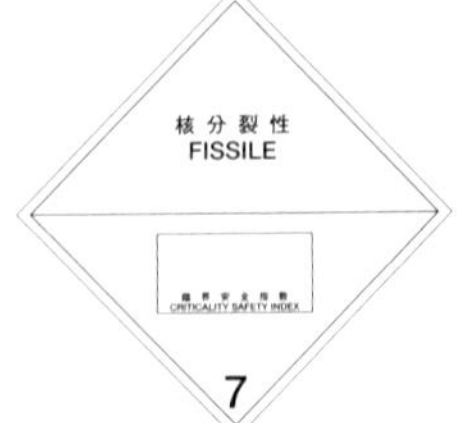

# GHS

## Globally Harmonized System of Classification and Labelling of Chemicals

「化学品の分類および表示に関する世界調和システム」は、化学品を世界統一されたルールに従って、その危険有害性の分類基準と、それらの情報が一目で分かる絵表示（ラベル)、さらにSDS（安全データシート）の内容を調和させて情報提供を行い、取り扱う人の安全対策などが講じられることを目的としたもので、平成15年7月に国連から勧告された。

日本を含め欧米各国は、国連勧告を受けて、化学品の分類や表示にGHSを導入している。

日本では、平成17年11月に「労働安全衛生法」が改正され(法律第108号)、世界に先駆けてGHS様式での分類による製品ラベル及びSDSによる通知が法制度化されて譲渡提供者に対して新様式でのラベル表示が義務付けられている。

平成24年には、経済産業省は「特定化学物質の環境への排出量の把握等及び管理の改善の促進に関する法律」(化管法)の、また、厚生労働省は「労働安全衛生法」の関連法規（省令等）を改正してGHSの促進を図っている。

化管法の関連法規の改正により、対象化学物質について、新たにラベル表示に関する努力義務を追加している。また、SDSやラベルの作成、提供に際しては、JIS Z 7253に適合した方法で行うことを努力義務としている。

労働安全衛生法においても同様に、原則として危険有害性を有する全ての化学品についてSDSの提供とラベル表示を行うことを努力義務としている。

### 1　物理化学的危険性の分類

物質の可燃性、引火性、爆発性などの物理的危険性では以下の「分類」がある。

- 爆発物
- 可燃性／引火性ガス
- エアゾール
- 支燃性／酸化性ガス類
- 高圧ガス
- 引火性液体
- 可燃性固体
- 自己反応性化学品
- 自然発火性液体
- 自然発火性固体
- 自己発熱性化学品
- 水反応可燃性化学品
- 酸化性液体
- 酸化性固体
- 有機過酸化物
- 金属腐食性物質

### 2　健康有害性の分類

以下が健康に対する危険性の「分類」で、各分類によってその危険性の大きい方から「区分１」から「区分５」までに分けられている。

- 急性毒性
  小分類、「経口」、「経皮」、「気体」、「蒸気」、「粉塵・ミスト」
- 皮膚腐食性／刺激性
- 眼に対する重篤な損傷性／眼刺激性
- 呼吸器感作性又は皮膚感作性
  吸引後気道過敏症を引き起こすもの、接触後アレルギー反応を起こすもの
- 生殖細胞変異原性
  遺伝毒性がありDNAに損傷を与え突然変異を誘発すると思われる物質
- 発がん性
- 生殖毒性

生殖機能や胎児の発生に悪影響を及ぼすもの

・特定標的臓器毒性（単回暴露）

・特定標的臓器毒性（反復暴露）

・吸引性呼吸器有害性

吸引後に化学肺炎や肺損傷を引き起こすもの

**3　環境有害性**

水生環境有害性や生物蓄積性、急速分解性などのデータに基づき分類する。

・水生環境有害性　魚類、甲殻類、藻類などへの急性毒性（短期間水性有害性）及び慢性毒性（長期間水性有害性）による分類

・オゾン層への有害性

# 危険有害性の絵表示

GHSでは物理・化学的危険性や健康及び環境への有害性がある物質を、有害性ごとに分類して9の区分を設定し、対応するピクトグラムを指定している。

**爆発物**

自己反応性化学品、有機過酸化物

**可燃性**

引火性・可燃性の物質、自己反応性物質、自然発火性の物質、自己発熱性の物質、水反応可燃性、禁水性物質

**支燃性・酸化性物質**

**高圧ガス**

**警告**

**急性毒性（経口・経皮・吸入）**

**腐食性物質**

金属、皮膚の腐食、眼に対する重篤な損傷性

**経口・吸引による有害性**

呼吸器感作性、生殖細胞変異原性、発がん性、生殖毒性、特定標的臓器又は全身の単回暴露・反復暴露

**水生環境有害性**

# NFPAの危険性等の表示（全米防火協会）

（National Fire Protection Association）

全米防火協会は、米国の規格・基準に携わる機関で、防火・安全設備及び産業安全防止装置などの規格制定を行っている。NFPAのプラカードデザインは、ファイア・ダイヤモンドと呼ばれ、物質の危険性等について、青、赤、黄、白の4区画で表示して、0から4までの数値（白色部分を除く。）により、素早く視覚的に判断できるようにしている。

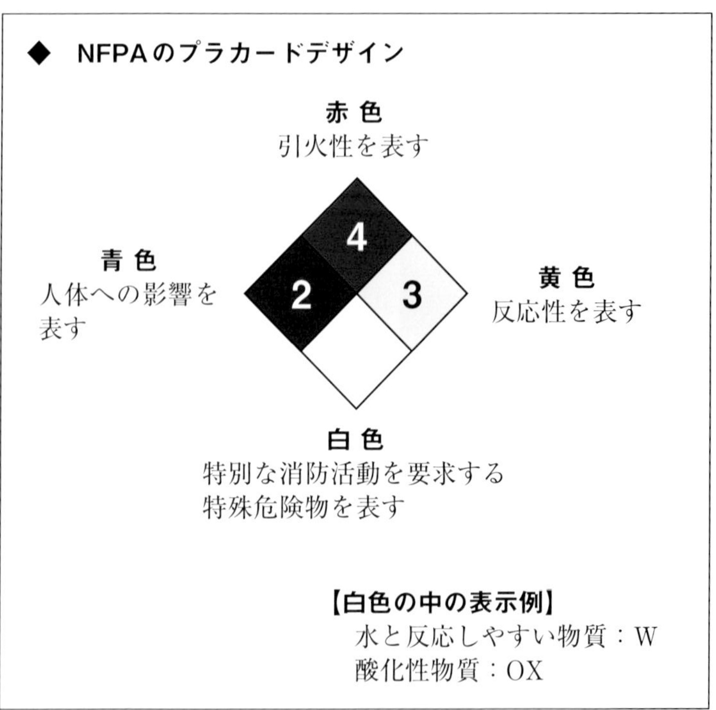

# 全米防火協会の危険物判定基準

| 健康有害性の判定：カラーコード **青** | | 引火性の判定：カラーコード **赤** | | 反応性の判定：カラーコード **黄** | |
|---|---|---|---|---|---|
| シグナル | 予想される障害のタイプ | シグナル | 燃焼の可能性 | シグナル | エネルギー放出の可能性 |
| 4 | 非常に短い曝露時間でも、致死させるか、ひどい後遺症の残る傷害を与える物質 | 4 | 大気圧、常温下で速やかに、又は完全に揮発して、空気中に拡散しやすく、燃焼する物質 | 4 | それ自身がたやすく爆発するか、常温常圧で爆発性の分解ないし反応を起こしうる物質 |
| 3 | 短時間の曝露でも、一時的だがひどい傷害、又は後遺症の残る傷害を与える物質 | 3 | ほとんどすべての環境温度で、発火しうる液体及び固体 | 3 | それ自身が爆発性であるか、又は爆発性の分解ないし反応を起こしうるが、その開始には強い起爆源がいるか、密閉下で加熱しなければならない物質<br>又は水と爆発的に反応する物質 |
| 2 | 高濃度又は長時間の曝露を受けると、一時的な失神を起こすか、後遺症の残る可能性のある傷害を与える物質 | 2 | 発火させるには、ゆるく加熱するか、比較的高い環境温度にさらさなければならない物質 | 2 | 高温高圧でたやすく激しい化学反応を起こすか、又は水と激しく反応する物質<br>又は水と反応して爆発性の混合物を生成する物質 |
| 1 | 曝露されると刺激性があるが、軽微な傷害しか与えない物質 | 1 | 発火させるには、加熱しなければならない物質 | 1 | それ自身は常温で安定であるが、高温高圧では不安定になりうる物質 |
| 0 | 火炎にさらされても、通常の可燃物以上の危害を与えない物質 | 0 | 不燃性の物質 | 0 | それ自身は通常時、また火炎にさらされても安定であり、かつ水とも反応しない物質 |

➡IMDGによる危険性の表示（表札）例

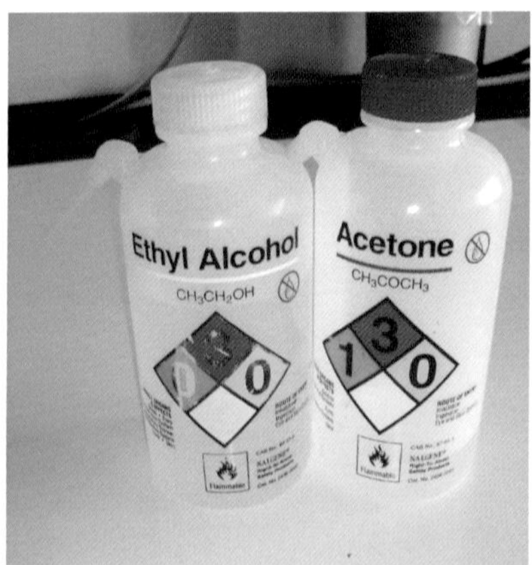


⬅NFPA704の容器表示例

出典：ウィキメディア・コモンズ（Wikimedia Commons）：
https://commons.wikimedia.org/wiki/File:Nalgene_bottles.jpg?uselang=ja
Nuno Nogueira（Nmnogueira）
2007年10月1日（月）14:45
License=Creative Commons Attribution-ShareAlike 2.5（CC BY-SA 2.5）

➡GHSの容器表示例（消毒用エタノール）

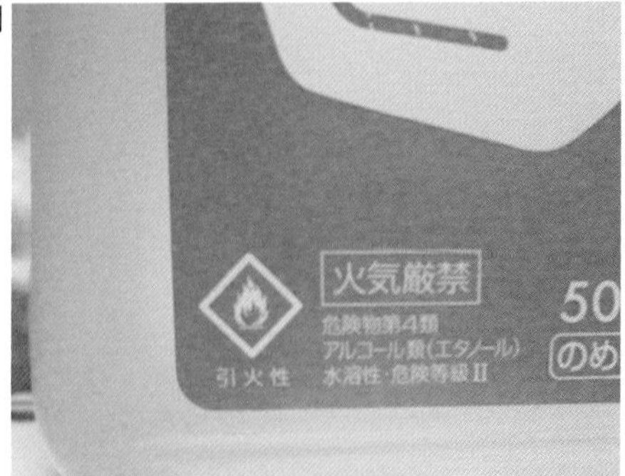

# 索　引

# 毒物・劇物の品名索引

## A



## B

## C

## D

## E



## F



## G



## H

## I



## L



## M

N



O



P

T



V



Z